新版

エネルギーの科学

人類の未来に向けて

第2版

安 井 伸 郎

三 共 出 版

第 2 版にあたって

　本書初版を上梓したのは 2005 年 4 月。それからすでに 13 年以上が経過した。この間，わが国のエネルギー事情を左右するさまざまなできごとがあったが，その中で最大かつ最悪のものは何と言っても 2011 月 3 月，わが国を襲った東日本大震災であろう。この未曾有の大災害は，不幸なことに福島第一原子力発電所の事故をも引き起こし，わが国の電気エネルギー供給構造に大きな変化をもたらした。こうした変化は，私たち一人一人の日常生活に大なり小なり変更を迫るものであったが，それと同時に，私たちの中に，贅沢なエネルギー消費に対する反省の意識が起こってきたのも確かである。すなわち，自らの生活態度そのものを見直すきっかけとなった人たちも多かったのではなかろうか。

　エネルギー需給に関して 2005 年当時の私の想定の及ばなかったものは，不幸な事故だけではない。その一つとして，自然エネルギーの大幅な利用拡大を挙げたい。具体的な数値は本論に譲るが，たとえば太陽光発電の全世界の導入量は，過去 20 年間で 100 倍以上の伸びを示している。ただ，このような世界潮流の中，わが国の自然エネルギーへの取り組みは積極的とは言えない。特に，火山国でありながら地熱発電導入量も世界の中で低いレベルにとどまったままである。

　また，電気自動車の普及ぶりも私の想定を遙かに超えた。高性能バッテリーの開発と，充電ポイント拡充というインフラ整備が相まって電気自動車は急速に普及が進んでいる。まだ普及率は低いが，もはや「特殊な車」ではなくなっている。

　一方，シェールガス，シェールオイルという新しいタイプの化石資源の，商業ベースでの採掘開始も指摘しておきたい。これは，化石資源の需給構造に「シェール革命」と呼ばれるほどの大きな変革をもたらしている。

iv

　私たち人類が，将来どのようなエネルギー資源をどのように使うべきかを考えるためには，過去から未来にわたる人類とエネルギーの関わりを知る必要があるであろう。本書を貫く思想は，そのための材料を提供すること，すなわち，過去・現在・未来を通したエネルギーに関する事柄をなるべく網羅的に示すことである。言い換えると，本書はデータ集としての側面を持つ。しかし，このことは，内容がたちまち時代遅れになってしまうことを意味する。そのため，初版刊行から4年あまりの後の2009年に，全面的にデータをアップデートし新版として出版した。さらに，福島原発事故直後の2012年には応急処置的にデータを書き改めた。しかし，それ以後，そのままのかたちで刷を重ねている。これはもちろん私の怠慢の故であるが，あえて言い訳が許されるなら，私自身，目まぐるしく変化するエネルギー情勢にじゅうぶん即応できなかったからである。とはいえ，いつしかずいぶん「時代遅れ」になってしまったデータを載せたまま出版し続けるのは本書の思想に反する。このような反省の上に立って今回の改訂に至った次第である。

　今回の改訂では，掲載データを現時点で入手可能な最新のものに書き改めることはもちろん，エネルギー需給に関する上述のような変化を考慮して大胆な削除，加筆を行った。特に，第5章「次世代エネルギー」では，節の入れ替えなど，大きな変更を施した。

　今回の改訂に当たっても前回と同様，ずいぶんインターネットのお世話になった。ただ，ネット情報は誤っているものが多いので注意が必要である。信頼の置けるウェブページを巻末に載せた。これらページからのリンク先も信用して良いと思う。とはいえ，初版の前書きでも述べたとおり，かく言う私自身がネット情報に「騙されて」誤った記述をしているなら，それはすべて私の責任である。ご指摘，ご叱責を賜りたく思う。

　本改訂版を出版するに当たっては，三共出版の野口昌敬氏に大変お世話になった。心より感謝申し上げたい。

　　2018年盛夏　　　　　　　　　　　　　　　　　　　　　著者記す

初版はじめに

　私たちが生きていくためには，衣食住にまつわるものを初めとして，さまざまな"物質"が必要である。さらに，暖めたり，明るくしたり，ものを動かしたり，など，私たちの生活を維持するためには"エネルギー"がなくてはならない。物質とエネルギーをまとめて"資源"と呼ぶならば，私たちは"資源"を消費することで生きている，という言い方ができる。

　それでは，人類の生存になくてはならない資源を，私たちの祖先はどうして得ていたのだろうか，また現代の私たちはどうやって得ているのだろうか，そして，私たちの子孫が利用できる資源にはどのようなものがあるのだろうか。このことを考えようというのが，本書の目的である。

　私たちの祖先が利用していた物質やエネルギーは，ほとんどが生物から得られるものであった。太陽の恵みだけで生きていたと言っていい。しかし，高度に組織化され，多くの人口を抱える現代社会では，太陽のエネルギーのもたらす資源だけでは生きていけない。地下に埋もれている石油，石炭，天然ガスといったいわゆる化石資源，さらに原子力発電の"燃料"であるウランを大量に掘り出して利用している。地下資源を大量に消費することによって，私たちは現代の豊かな生活を享受しているのである。

　化石資源を初めとする地下資源の大量消費は地球環境に大きな負担を強いており，近い将来，人類の存亡に関わるほどの深刻な問題を引き起こすかもしれない。また一方，有限である地下資源の枯渇という事態も視野に入ってきている。このような問題の解決法を探るためには，私たち人類が歩んできた道をしっかり知っておくことは重要であろう。しかも，こうした化石資源に頼る生活は，長い人類の歴史からみるとごく短いものでしかないことに注意したい。それは，わずか200数十年前の産業革命から始まったにすぎないのである。

本書ではまず，人類のエネルギー利用の歴史をたどってみる。そのことで，現代人がいかに大量のエネルギーを消費しながら生きているかを感じてもらいたい。

エネルギーのことを論じるには，熱力学の知識が必要である。そこで，第2章で熱力学の基礎的な部分に簡単に触れた。

第3章以降は，現代のエネルギー源について述べている。現代の生活においてエネルギーは電気エネルギーの形で供給されることが多いので，発電については第4章で特に詳しく述べた。それに引き続き第5章では，化石資源に頼らない新しいエネルギー源（次世代エネルギー）について述べている。また，エネルギー消費が環境問題にもたらす影響を第6章で考える。将来の私たちの暮らしを，ひとりひとりが考えてもらいたい。

この本は，大学のいわゆる共通教養科目の教科書として書かれた。しかし，なるべく広い範囲の人たちに読んでもらいたいという願いもある。エネルギーと資源に関わる諸問題は，学問の言葉で語られるべきものではなく，一人一人のふだんの生活態度によって解決できるものだからである。

本書には（p. ○○参照）というカッコ書きが各所につけてある。インターネットのホームページにリンクを張っているような感じである。パソコンと違って，クリックするだけで目的のページに飛ぶという芸当はできないが，互いに関連する項目をページをめくりながらどんどん参照してもらいたい。

本書の執筆に当たって参考にした図書を巻末に掲げてある。比較的読みやすい本も紹介したので，是非一読されるようお奨めする。また，インターネットを駆使して多くのウェブサイトを参考にした。重要と思われるウェブサイトのURL も巻末に載せている。興味がある方は参照してもらいたい。パソコンの前に居ながらにして図書館にいるような感覚を持てるのは，有り難いものだと思う。ただ，このような作業を続けていて，ウェブサイトに示されている情報は必ずしも正しくないことをつくづく感じた。単純に勘違いをしている場合はまだしも，ある目的を持って意図的に誤った情報を流しているのではないかと

思われるページさえあった。こうした誤った情報を引用することのないよう十分注意を払ったつもりであるが、もし私自身が「騙され」て、誤った記述をこの本の中でしてしまったとしたら、それは私自身の責任である。ご指摘のうえご叱責いただければ幸いである。

　本書を書く動機付けをいただいたのは、私の終生の恩師である、京都大学名誉教授・大野惇吉先生である。この場をお借りして、まずお礼申し上げたい。また、三共出版の秀島功氏には企画の段階から仕上げに至るまで、何かとお世話になった。遅筆の私に辛抱強くつきあって頂いたことに心から謝意を表する次第である。そして最後に、原稿に目を通し読者以上の鋭い批評をしてくれた妻・紀美子にも感謝の気持ちを表したいと思う。

　　2005 年　早春

著者記す

目　　次

序　人類の生存のエネルギー　　　　　　　　　　　　1

1　人類は何を使ってきたか

1-1　生命の誕生～人類の登場 ……………………………… 7

1-2　人類の歩み ……………………………………………… 10

1-3　人口とエネルギー消費量の移り変わり ……………… 12

ノート1　水車と風車の話 ………………………………… 23

2　エネルギーのかたち

2-1　エネルギーとは何か …………………………………… 25

2-2　エネルギーの変換と変換効率 ………………………… 26

2-3　化石資源のエネルギー～化学エネルギー～とは何か …… 31

2-4　"省エネルギー"の熱力学的意味 …………………… 33

ノート2　燃素（フロギストン）と熱素（カロリック）……… 40

3　化石資源

3-1　生活の中の化石資源 …………………………………… 41

3-2　化石資源はどうやってできたか ……………………… 44

3-3　石　　油 ………………………………………………… 45

3-4　石油ガス ………………………………………………… 51

3-5　天然ガス ………………………………………………… 51

3-6　石　　炭 ………………………………………………… 55

3-7　石油と石炭の比較 ……………………………………… 60

3-8　可採年数 ………………………………………………… 61

3-9　資源の乏しい日本 ……………………………………… 62

ノート3　天然から合成へ～洗剤，繊維，染料 ………… 64

目　次　ix

4　電気エネルギー

4-1　現代生活と電気エネルギー ・・・・・・・・・・・・・・・・・・・・・・・・・・・・・・・・　66

4-2　電気エネルギーの利点と欠点 ・・・・・・・・・・・・・・・・・・・・・・・・・・・・・・　67

4-3　発電の方法 ・・・　70

4-4　水 力 発 電 ・・・　73

4-5　火 力 発 電 ・・・　75

4-6　原子力発電（原発） ・・・・・・・・・・・・・・・・・・・・・・・・・・・・・・・・・・・・・・　75

4-7　電気エネルギーの安定な供給 ・・・・・・・・・・・・・・・・・・・・・・・・・・・・・・　82

ノート　4　人類は電気とどのように関わってきたか ・・・・・・・・・・　86

5　次世代エネルギー

5-1　再生可能エネルギー ・・・・・・・・・・・・・・・・・・・・・・・・・・・・・・・・・・・・・・　87

5-2　太陽光発電 ・・・　88

5-3　風 力 発 電 ・・・　91

5-4　バイオマス・エネルギー ・・・・・・・・・・・・・・・・・・・・・・・・・・・・・・・・・・　93

5-5　地 熱 発 電 ・・・　96

5-6　自然の力の利用 ・・　97

5-7　自然エネルギー利用の問題点と将来 ・・・・・・・・・・・・・・・・・・・・・・・　99

5-8　燃 料 電 池 ・・・　100

ノート 5　太陽の恵み ・・　104

6　環境問題とエネルギー問題

6-1　化石資源の消費と地球温暖化 ・・・・・・・・・・・・・・・・・・・・・・・・・・・・・・　106

6-2　廃棄物はどのように処理されるか ・・・・・・・・・・・・・・・・・・・・・・・・・　111

6-3　プラスチックの再利用 ・・・・・・・・・・・・・・・・・・・・・・・・・・・・・・・・・・・・　114

6-4　紙のリサイクル ・・　118

6-5　リサイクルの落とし穴 ・・・・・・・・・・・・・・・・・・・・・・・・・・・・・・・・・・・・　120

6-6　省資源の工夫 ・・　120

ノート 6　環境に優しい乗り物〜路面電車 ・・・・・・・・・・・・・・・・・・・・・　127

7 人類の未来に向けて

7-1 どのような資源をどのように使うか ・・・・・・・・・・・・・・・・・・・・ 128

7-2 ゼロエミッション ・・・・・・・・・・・・・・・・・・・・・・・・・・・・・・・・・・・・・・ 129

7-3 循環型社会は可能か ・・・・・・・・・・・・・・・・・・・・・・・・・・・・・・・・ 130

参考図書 ・・ 132

参考ウェブサイト ・・・ 133

索　引 ・・ 137

コラム

日本人と米　4／地球の歴史を1年にたとえると　11／油断大敵　16／イギリスの運河　19／蒸気機関の発明　20／蒸気機関車の光と陰　21／青色LED　30／永久機関の夢　36／マックスウェルの悪魔　39／油の入れ間違いに注意　48／石油コンビナート　48／石油を量る単位＝バレル　50／ガスの臭い　58／製鉄所の立地　60／電気という言葉　68／長距離の送電線はなぜ高圧か　69／IH調理器　72／交流と直流　73／川をさかのぼる魚たち　74／チェルノブイリ事故と福島事故　80／元素の名前　82／北海道大停電　85／再生可能エネルギーという語　88／風力発電先進国〜デンマーク　93／北風と太陽　93／生分解性ポリマー　96／家庭用燃料電池103／地球における炭素の循環　110／自販機大国日本　121／ハイブリッド気動車　124／リチウムイオン電池　124

用語解説

「運動エネルギー」と「力学的エネルギー」　28／熱機関のエネルギー変換効率　28／平和鳥　37／エントロピーが増大するわけ　38／プラスチックはどうやって作られるか　44／日本の油田　50／日本の炭田　58／脱硫61／オームの法則　69／高速増殖炉　81／地球温暖化対策の流れ　110／二酸化炭素が温室効果を引き起こすわけ　111

人類の生存とエネルギー

　私たちの地球には，約75億の人間が住んでいる。そのひとりひとりが，ある時は喜び，ある時は悲しみ，また笑ったり怒ったり悩んだりしながら一生を送る。そんなひとりひとりの生活を支えているのは"物質"であり，"エネルギー"である。私たちの「衣」「食」「住」は，いずれも物質とエネルギーなしには成り立たない。このことを先ず，「衣」をめぐる物質を例にとって見てみよう。

「衣」製品はどうやって得られるか

　この本を今，裸で読んでいる人はおそらくいないだろう。誰もが衣服を身にまとっているはずである。人間の活動には必ず「衣」という行為が伴う。「衣」という行為の本来の目的は寒さなど外界からの刺激から身体を守ることであり，それは動物の毛皮をそのまま身にまとうところから始まったであろう。やがて人類は繊維というものを見いだし，それを紡いで糸にし，さらにその糸を織って布にすることを覚えた。布が人類にとっていかに重要であるかは，今から1万年以上も前にすでに繊維を得るための麻を栽培していたことからも分かる。この時代は，こうして得た麻の繊維を手作業で衣服に織りあげていた。このことは，繊維製品が太陽のエネルギーのみによって得られていたことを意味する。言うまでもなく材料の麻は太陽のエネルギーによって育つものであるし，それを衣服に仕上げる人間の動きも太陽のエネルギーで得られる食物を源としているからである。

　現在でも，木綿や麻などの植物繊維，また羊毛や絹などの動物繊維は主要な繊維としてよく使われている。これら天然繊維は究極的には太陽のエネルギーの産物であるが，現在では，私たちが使える形になるまでにさらに多くのエネ

ルギーが必要である。つまり，素材の繊維を産地から工場へ運搬するためのエネルギー，工場で衣料品に加工するためのエネルギー，製品になったものを利用者のもとへ運搬するエネルギー，などが消費される。こうしたエネルギーは，どのように供給されているのだろうか。その源までさかのぼっていくと，太陽のエネルギー以外のエネルギー，たとえば，天然ガス，石油，石炭といった地下資源のエネルギーに多く依存していることが分かる。これらの地下資源は**化石資源**と呼ばれ，現代社会を支える重要な資源である。このように，たとえ天然繊維から作られたものであっても，私たちが手にする衣料品には，太陽のエネルギーだけでなく，化石資源のエネルギーをはじめとする多くのエネルギーが注入されている。ファッションを楽しむためであれ，寒さなどの刺激から身を守るためであれ，現代の私たちの衣生活は太陽の恵みだけでは成り立たない。

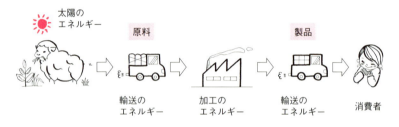

繊維製品を得るために消費されるエネルギー

「食」と「住」はどうだろうか

「食」に関しても，同様のことが言える。たとえば農業を見てみよう。植物が育つには，材料である水と二酸化炭素，それにエネルギー源として光エネルギーがあればよい。光エネルギーは太陽を源として地球上のどこにでも降り注いでいるし，二酸化炭素はどこの大気中にも含まれている。だから水の豊かな土地を見つけさえすれば，そこで穀物を栽培し食料を産み出すことができる。私たちの祖先は，こうして太陽だけをエネルギー源として必要な食料を確保していた。

しかし，現代の農業ではほとんどの場合，収穫量を上げるため，あるいは安定した収穫量を保つため化学肥料や農薬を使用する。これらの物質は主に化石資源を原料とし，何らかのエネルギーを消費して製造される。また，ハウス栽培など，暖かい環境を作り出すため石油などを燃料として用いることもある。つまり，化石資源の助けなしでは，今の地球上の膨大な人口を支えるだけの十

分な食料は得られない。さらに，収穫された作物を運搬するためにエネルギーを使わなくてはならない。このように私たちが日々食べる食料は，太陽からのエネルギーのみによって得られているわけではない。スーパーマーケットなどで，農薬を使わない"無農薬栽培"や，農薬だけでなく化学肥料も使わない"有機栽培"で作られた作物（おもに野菜）を見かけることがある。しかし，このような作物であっても，商品として店頭に並ぶまでには運搬などに何らかのエネルギーが必要で，自給自足の時代の作物とはエネルギー消費という点で異なる。動物性タンパク質の供給に関わる漁業や畜産業も同じである。魚，肉，乳製品，鶏卵などが私たちの食卓に届くまでには多くの過程を経る必要があり，各過程で相応のエネルギーが消費されている。

次に，「住」に用いる建材，日用に使用する道具類を考えてみよう。かつては木材や紙，または石や土といった天然由来のものが使われていた。江戸時代までの人々がどのような家に住み，どのような道具を使っていたか想像してみればよい。これらの素材は今でも使われる。しかし，加工や運搬のため，かつてとは比べものにならないほど余分のエネルギーを多く消費している。現在ではこれらの素材に加え，石油や石炭などの化石資源を原料として新しい素材が大量に作り出され，使われている。その代表であるプラスチックは，建材から身の回りの小物に至るまで，あらゆるところに使われている。（第3章，図3-

ニューヨーク市のダウンタウン
現代人は，莫大なエネルギーを消費しながら生活している。

4

1, p. 42 参照。）

人類の生存＝エネルギーの消費

"衣食住"という言葉で象徴される人間生活のハード面を支えるために，どれほどエネルギーが消費されているかをここまでに見てきた。一方，「人はパンのみにて生くるものにあらず」と言われるように，私たち人類は衣食住を維持するためだけに生きているわけではない。また逆に，衣食住さえあれば生きていけるというものでもない。数十万年の歴史の中で人類は高度な文明を築き上げ，複雑に組織化された社会を創出した。そうして，この複雑な社会を運営し，その中で文化活動，芸術活動などを営んでいる。このような活動にも，さまざまなかたちでエネルギーが消費される。これは，人間の生存のソフト面を支えるエネルギーである。こうしたエネルギーの源として化石資源がきわめて重要であることは，言うまでもない。

以上，**人間の生存そのものが何らかの資源（エネルギー）を消費することである**，ということを見てきた。ここで重要なことは，現代の私たちの生存には太陽のエネルギーだけでは不足で，化石資源など，何らかの他のエネルギー源が必要だということである。

コラム　日本人と米

日本人1人に必要な田んぼの広さはどの程度だろうか。

農林水産省の統計によれば，2017年の米の1a（アール）当たりの平年収穫量は全国平均で53.4 kgであった。一方，2017年，国民1人が1年間に食べた米の量はおよそ58 kgと推計されている*。これらの数値から，大まかに言って国民1人あたり1.1 a（＝110 m²；10 m×11 mの土地に相当）の面積の田んぼが必要であることが分かる。

また，1人の日本人が一日当たりに食べる米の量は，平均159 g（普通サイズの茶碗1杯＝精米65 gとして茶碗2.4 杯ぶん）と計算される。ちなみに，江戸時代，幕臣が与えられていた扶持米（現代の給料に相当する）の"一人扶持"は，一日当たり男は5合，女は3合で計算されていた。1合＝約150 gなので，これは現代人1人当たりの平均の3〜5倍近い量になる。

* 「米穀安定供給確保支援機構」調べ。

「資源」とは？

ここで，「資源」および「エネルギー」という言葉の使い方について述べておきたい。地下資源である石油，石炭，

天然ガスは，燃料としての利用に注目して**化石燃料**と呼ばれることが多い。燃料とは，エネルギー源という意味である。第2章で詳しく述べるが，**燃焼**とは，これら資源が持っている**化学エネルギー**（**内部エネルギー**）が**熱エネルギー**に変換される過程である。言い換えると，私たちは資源を燃焼することによって，資源の持つ化学エネルギーを熱エネルギーの形で取り出している。こうして得られた熱エネルギーは，そのまま何かを加熱するために利用することもあるし，さらに**運動エネルギー**に変換して利用することもある。たとえば，石油の成分であるガソリンを燃やして車を走らせるのは，ガソリンの燃焼で得られた熱エネルギーを（車の）運動エネルギーに変換して利用しているのである。一方，地下資源のうち，石油はプラスチックをはじめとするさまざまな化成品の原料にもなっている。このとき，これらはエネルギー源ではなく，「物質」として利用されている。つまり，石油，石炭，天然ガスはエネルギー資源としても，また物質としての資源としても，私たちの生活に必要不可欠なものである。このように考えると，これら地下資源は，化石「燃料」と呼ぶより，より広い意味で化石「資源」と呼ぶほうが適切である。本書ではこの考えにのっとって，**化石資源**という言葉を用いることにする。

資源とは？

化石資源に限らず，多くの資源は，エネルギー源としても使われるし，また物質の原料（あるいは物質そのもの）としても使われる。たとえば木材という資源は，燃やして熱エネルギーを得るために使われることもあるし，そのままのかたちで建材などに利用されることもある。

　一方，太陽のエネルギーは，**光エネルギー**のかたちで地球にやってくる。私たちは，これを直接，光エネルギーとして利用したり，適当な装置を通じて**熱エネルギー**や他のかたちのエネルギーに変換して利用している。また，その他の自然エネルギー（地熱など）もさまざまなかたちで利用可能である。しかし，太陽のエネルギーをはじめとする自然のエネルギーは物質の原料にはなり得ない。とはいえ，これらのエネルギーをより多く利用することができれば，たとえば化石資源をより多く，有用な物質の原料としての利用にまわすことができる。こう考えると，太陽のエネルギーも，その他の自然のエネルギーもやはり「資源」である。また，ウラン鉱石は原子力発電を通して電気エネルギーを提供するので「資源」ということになる。

　この本では，「資源」と言ったとき，その言葉には「エネルギーの源」と「物質」という二つの意味が含まれるものとして扱う。

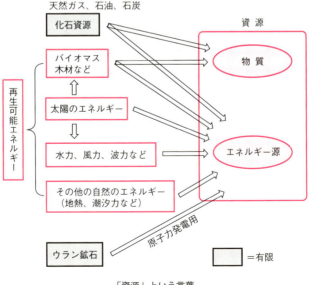

「資源」という言葉

人類は何を使ってきたか

　私たちは今，地下に埋もれている石油，石炭，天然ガスなどの化石資源を惜しみなく掘り続け，物質とエネルギーの源として利用している。化石資源を消費することで私たちは，人類史上これまで見たことのない，豊かで便利な生活を謳歌しているのである。そして，生活がますます豊かなものへと「進歩」し続け，それにともなって人口がどんどん増え続けることをあたりまえのこととして受け止めている。しかし，こうした化石資源に頼る生活は，今からわずか250年ほど前，18世紀に起こった産業革命から始まったに過ぎない。それでは，産業革命以前には人類はどんな資源に頼ってどんな生活をしてきたのだろうか。この章では，人類の誕生からの歩みを資源の利用という視点から眺め，産業革命の前後で私たち人類の生活ぶりがどれほど大きく変わったかを考えてみたい。

1-1　生命の誕生〜人類の登場

太陽のエネルギー　　今から約46億年前，太陽系第三惑星として私たちの地球が誕生した。そのとき以来，地球上にはさまざまな出来事が起こって現在の姿になっていくのだが，その中でも最大の出来事は生命の誕生であろう。最近の研究によると，最も原始的な生命体は，地球が生まれてから6億年ほどたってから，つまり今から約40億年前に海の中で誕生したと考えられている。その後，生命体は飛躍的な進化を遂げ，現在私たちが知っているように，地球は実に多種多様な生物の生息する惑星となった。このように多くの生物が生きていけるのは，太陽から絶えずエネルギーが供給されているおかげである。動物植物を問わず，地球上のあらゆる生物は，究極的には太陽をエネルギー源として生きている。

太陽からは莫大なエネルギーが絶えず地球に降り注いでいる。その総量は1日当たり約 $1.5×10^{22}$ J であり[*]，これは原油 $3.9×10^{14}$ リットル（18リットル石油缶の22兆個ぶん）が持つエネルギーに相当する。そのうち26％ほどは雲などによって反射され，残りのおよそ74％が地表近くに達する。こうしてやってきた太陽のエネルギーは，一部が地表で反射され，残りの大部分が陸地や海洋を直接暖めたり海面から水蒸気を蒸発させたりする（雲を作る）のに使われる。結局，太陽から地球にやってくる全エネルギーのうち，植物の光合成に利用されるのはわずか0.02％（全体の1/5,000）ほどである。しかし，こうして植物に取り込まれたエネルギーが地球上の全生命を支えているのである。光合成を通じて植物に蓄えられたエネルギーは，植物から草食動物へ，さらに肉食動物へ，と受け渡されていく。このエネルギーの受け渡しは食物を通じて行われるが，食物はいずれも炭素原子を持つ有機化合物である。つまり，地球上の生物間におけるエネルギーの流れは，炭素原子の流れと結びついている。

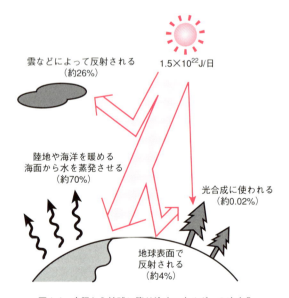

図1-1　太陽から地球に降り注ぐエネルギーのゆくえ
NASA 提供の図を簡略化。

---

[*]　地球表面に垂直に入射する太陽光の単位面積・単位時間当たりのエネルギー量を「太陽定数」という。その値は，1.37 kW/m^2（$=1.37$ kJ/m^{2}s）である。

このことを、具体的に見てみよう。

炭素循環とエネルギーの流れ

植物は葉などにある葉緑体で、太陽からの光エネルギーを利用して空気中の二酸化炭素（CO_2）と水（H_2O）からデンプンなどの**炭水化物**を合成し、余った酸素（O_2）を放出する。これが**光合成**である。こうして植物は、太陽の光エネルギーを炭水化物のかたちで自らの中に蓄える。一方、草食動物はその炭水化物を食べ、それを酸素を用いて二酸化炭素と水に分解することによって活動と成長のためのエネルギーを得る。さらにその草食動物を食べることで肉食動物はエネルギーを得る[*1]。このように、植物は高いエネルギーを持った物質（炭水化物）を作る「生産者」であり、動物はそのエネルギーを使いながら生きる「消費者」である。さらに、生物が死ぬとその体はバクテリアなどによって分解され、最終的に二酸化炭素と水に戻る。つまり、生物のすべての営みの中で、炭素原子は増減することなくさまざまな化合物を構成しながら循環している[*2]。この循環は、太陽からやってくるエネルギーを消費することで成り立っている（図1-2）。

地球上のこうした炭素循環は、定常的で安定したものである[*3]。ところがある出来事をきっかけとして、この定常的な炭素循環に変化が起こり始めた。そ

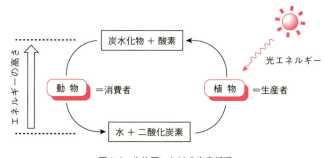

図1-2　生物圏における炭素循環

[*1] 陸上に動物が現れたのは、植物の光合成によって大気中に酸素が十分に蓄積されたのちのことである。それは、今から約5億年前のことと考えられている。

[*2] 植物も、酸素を吸って二酸化炭素を吐くという呼吸作用を行う。ただし、光合成の作用のほうがずっと強いので、全体の差し引きとして植物は二酸化炭素を吸収し酸素を生産することになる。

[*3] ここでは、生物圏における炭素循環に話を限った。海への二酸化炭素の吸収などを考慮した地球規模の炭素循環については第6章のコラム（p.110）参照。

10

の出来事とは，人類の誕生である。

1-2 人類の歩み

地球上に君臨する人類

最初の人類が現れたのは，今から約700万年前のことと言われている。それ以来，新しい種の人類が出現しては絶滅するということを繰り返しながら進化を続け，約20万年前には私たちの直接の祖先である**現世人類**（**ホモ・サピエンス**）が登場した[*1]。彼らは狩猟採取生活を永く続けていたが，やがて生存のための画期的な技術を獲得する。それは**栽培**の技術である。紀元前9000年〜紀元前2000年にかけて世界のあちこちで，イネ，ムギ，モロコシ，カボチャなど穀物類の栽培が始められ，人類は農耕生活を送るようになった。農耕には家畜が必要なことから，牧畜も始まった。農耕や牧畜は多かれ少なかれ自然に手を加えることによって実現されるものであり，自らの生存のために環境を都合よく変えるという，人類の戦略はここに始まったといってよい。このように常に食料を安定して得る技術を獲得した結果，人類は他の動物を押しのけながら生息域を広げ，地球上のほとんどすべての地域に君臨する存在になった。

そして人類はついに，地球上唯一の知的生命体として文化を持つに至る。文化を持つということは，生物学的な意味で生存に必要なエネルギーよりはるかに多くのエネルギーを消費することを意味する。そのために人類は，燃料としての木や，水の力，風の力など自然のエネルギーを上手く工夫して利用することを覚えた。こうした自然のエネルギーに頼る時代はその後永く続いた。そして，18世紀になって人類は，石炭，石油などの地下資源（いわゆる**化石資源**）を大々的に利用し始める。**蒸気機関**の発明によって熱エネルギーを動力（**運動エネルギー**[*2]）の源として利用することが可能になったため燃料が大量に必要となり，化石資源が大量に使われ始めたのである。のちに詳しく述べるが，化石資源の本格的な使用は産業構造だけでなく，私たち人類の社会構造に人類史上まれにみる大きな変革をもたらしたので，これを**産業革命**と呼んでいる。

[*1] 最近の研究では，ホモ・サピエンスの登場を約30万年前とする説もある。
[*2] 「運動エネルギー」という語句の使い方については，第2章2-2節（p.28）を参照のこと。

化石資源利用の意味するもの

化石資源の利用により，人類の営みは急速な勢いで高度化してきた。ここで重要なことは，そうした高度な人間社会を維持するために化石資源のさらなる大量消費が引き起こされたことである。利用可能なエネルギーが増加すれば，生活水準が向上し人口が増加すると同時に社会が複雑化する。その結果，エネルギー消費量はますます増大する。現在，人間活動によって放出される二酸化炭素の量は，植物が光合成によって炭水化物として固定する量をはるかにしのいでおり，そのため大気中の二酸化炭素の濃度は徐々に増加しつつある。つまり，前節で述べた炭素循環にゆがみを生じてきたのである。

このことによる地球環境への影響も心配されるが，また一方で，このことが意味するところを考えなくてはならない。それは，私たち人類が今，化石資源に依存し過ぎた社会を作り上げてしまったという点である。化石資源は言うまでもなく限りのある地下資源であり，いつの日か必ず尽きてしまう。現在，社会構造はますます高度化複雑化しつつあり，化石資源への依存度もますます増大している。このような状態が続くならば，化石資源を使い果たすのはわずか数世紀あとのことになるであろう。人類が産業革命以後の，わずか数百年というきわめて短い時間で化石資源を消費し尽くそうとしているということに注目すべきであろう。

コラム　地球の歴史を1年にたとえると

　地球46億年の歴史を1年に縮めて，さまざまな事象の起こった年代を比較してみよう。1月1日午前0時に地球が誕生したとすると，最初の原始的な生命が現れたのは2月28日頃に相当する。最初の人類が現れるのはそれよりずっと後，何と12月31日大晦日の午前11時頃である。そして，大晦日の午後11時40分頃になってやっと，私たちの直接の祖先であるホモ・サピエンスが登場する。さらに，人類が農耕生活を始めたのは12月31日午後11時58分を過ぎてからであり，産業革命が起こったのは11時59分59秒に相当する。

　こうしたたとえにはあまり意味はないが，地球の歴史に比べ人類の歴史がいかに短いかが感じ取れるであろう。

1–3 人口とエネルギー消費量の移り変わり

　人類の生活はエネルギーの裏打ちがあって初めて成り立つ。したがって，人類の生活のレベルは，歴史のどのような段階にあっても，そのときに利用できるエネルギーの質と量によって規定される。人類の歴史は，エネルギー利用の歴史であるといえよう。ここで，人類の歴史を，人口とエネルギー消費量という観点からやや詳しくながめなおしてみよう[*1]。

狩猟採取の時代から農耕牧畜の時代へ　人類誕生の頃の，いわゆる原始人の人口を推定することは困難である。しかし，はっきりしていることは，この頃の人間一人が1日で消費したエネルギー量は，動物としての人間の生存に必要な基礎代謝量，すなわち 2,000 kcal (8,400 kJ) 程度であっただろうということである[*2]。生きるための食物以外，何も消費しなかったからである。やがて，人類は火を使うことを覚え，木の枝などを燃やして暖をとったり調理をしたりするようになった[*3]。また，火は夜

火の発見
火の利用を覚えたときから，人類は食糧以外のエネルギーを消費しながら生活するようになった。

[*1] この章ではエネルギーの消費について考えるので，「エネルギー」という語句は資源としてのエネルギー，すなわち「一次エネルギー」を意味する。序章の図 (p.6) で左欄に並んでいる資源のことである。

[*2] エネルギーの単位として，現在では国際的に J (ジュール) が推奨され，公式には cal (カロリー) はもはや使われない。この本でも J を用いるが，1–3節に限り J と cal を併記した。この節では，人間1人の基礎代謝量との比較でエネルギー消費量を見ていくが，カロリー単位ではこれがほぼ 2,000 kcal という覚えやすい数値になっているからである。なお，1 cal = 4.18 J である。

1 人類は何を使ってきたか　*13*

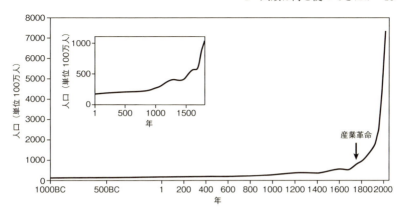

図1-3　世界の人口の推移
オランダ環境評価局 "The History Database of the Global Environment" の資料をもとに作成。挿入図は紀元1年から1800年までの拡大。

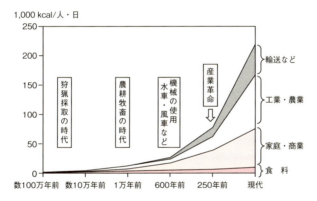

図1-4　人間1人1日当たりのエネルギー消費量の推移
人口も増加しているので，人類全体のエネルギー消費量を考えると，その増加はきわめて著しい。

には明かりを得る手段にもなった。"木"を熱エネルギーと光エネルギーの源にしたのである。しかし，この時代，すなわち狩猟採取だけで食料を得ていた時代には，そのほかにエネルギーの消費はなかったであろう。結局，「食」のためのエネルギー消費と"木"という燃料のエネルギー消費のぶんを合わせて，

---

*3　火の使用の始まりがいつ頃だったかは，はっきりしない。150万年以上前という説や10数万年前という説もある。ただ，火による調理が火の使用開始よりだいぶ後になって始まったことは確かである。

14

一人1日当たりのエネルギー消費量は5,000 kcal（21,000 kJ）程度であったと考えられる。

　先にも述べたように，紀元前9000年〜紀元前2000年にかけて世界のあちこちで農耕生活が始まり，また牧畜も行われるようになった。このような生活はそれまでの生活に比べずっと組織的なものであり，人々は共同して田や畑を灌漑し耕作した。そして，収穫物を保管したり分配したりするために運搬という仕事が必要になってきた。このために，人間自らの力に加え，馬や牛の力を使うようになった。動物を家畜として飼い馴らしその力を動力（運動エネルギー）の源として利用するようになったのである。こうして，一人1日当たりのエネルギー消費は12,000 kcal（50,000 kJ）ほどになった。このエネルギー消費量はそれまでの狩猟採集生活での消費量の2倍以上である。運搬，移動の手段としては，風の力を動力とする帆船も古くから使われていたと考えられるが，これは川や海に面したごく限られた地域だけのことであっただろう。古代文明の時代の人類は，運動エネルギーとしては主に人間を含めた動物の力を利用していた。

　狩猟採取の時代から農耕牧畜の時代にかけて，世界の人口はどのように変化したであろうか。狩猟採取のみで生きていた約1万年前には，地球上に100万〜1,000万の人間がいたと推定されているが，その後，農耕が始まってから人口が着実に増加し始める。より多くの人口を支えるだけの食料を，安定して生産できるようになったためである。紀元前3000年頃5,000万人に満たなかった世界の人口は，その後の2000〜3000年の間に，5倍近く増加したと考えられている。人間はもちろん動物であるから当然であるが，生きるためには食料がいかに重要であるかということが分かる。このときの人口増加は，現在の増加の割合と比較すれば大変ゆっくりしたものであるが，食料の確保が人口の増加と密接に結びついていることを示しているという意味で重要である。これを，人類の歴史における第一回目の人口爆発と呼んでおこう。

機械の利用　　やがて文明が起こり，人類はさまざまな道具や装置を発明する知恵を得た。そして，うまく工夫された装置を用いて自然のエネルギーを積極的に取り出し，それを動力源として利用するようになる。自然環境の中で，人類がおそらく最初に利用したエネルギー源は川の流れの力で

1 人類は何を使ってきたか　15

図1-5　粉挽き水車
石臼を回して粉を挽く水車。穀物を搗いて粉にするものもある。また，水車は灌漑用（水を汲み上げる）にも使われる。
（小平ふるさと村）

（内部）

あろう。水の力，つまり水の運動エネルギーを仕事の動力源として取り出すための装置が**水車**である。水車で得られた動力は，灌漑用のポンプを動かしたり，穀物の製粉のために石臼を回したり杵を動かしたりするのに使われた。風の力を利用可能な動力に変える装置，すなわち**風車**も，水車と同様，灌漑用ポンプや製粉用の動力として利用されていた。水車は紀元前 2 世紀頃にすでに使われていたらしいが，風車が実用的な装置として使われ始めたのは，ずっと下がって 10 世紀のことと考えられている（章末 p. 23 参照）。水車や風車はどんどん効率のいいものへと改良が続けられ，産業革命まで重要な動力源として活躍した。しかし，水車には，得られるエネルギーの量が水流に左右され一定しないこと，使う場所が川のあるところなどに限られること，といった原理的な欠点があり，風車もやはり，得られるエネルギーが自然条件に左右されるという欠点があった。そのため，安定したエネルギー供給装置としての蒸気機関が発明されると，またたく間に姿を消していった。

　灯火用の燃料としては，植物油や動物油が古くから使われていた。わが国では，奈良時代から胡麻，椿などの実を絞って得た油が使われていたが，江戸時代には，菜種油，綿実油（綿の実の油）が一般的になり，菜種油を採取するための菜の花が各地で組織的に栽培されるようになった。灯火用には蠟燭も古くから使われてきたが，蠟の原料はウルシやハゼなどの植物である。一方，鯨から取れる鯨油はわが国でも使われていたが，18 世紀から 19 世紀にかけてのア

メリカでは非常に多く使われた。

このような生物由来の燃料を用いた灯火は 19 世紀まで使われていたが，やがて化石資源を燃料とする石油ランプやガスランプが普及してくると，その明るさという点で太刀打ちできず，ほとんど使われなくなった。

水車や風車などを使うようになって以来，これらの装置によって自然のエネ

コラム　油断大敵！

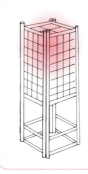

むかし日本では，行灯(あんどん)などの灯火の燃料として菜種油を用いていた。「油断大敵」の「油断」とは，この油が切れることである。夜間，油が切れると真っ暗になってしまう。敵の侵入にも気づかない。だから，油を切らしてはならないと，戒めたのである。

行灯(ゆだんたいてき)
本体はほぼ竹と紙だけでできており，燃料は植物油である。太陽のエネルギーだけで産み出された灯(あか)りと言える。

ルギーから運動エネルギーを取り出して使うようになり，また同時に燃料もより多く使うようになったので，一人 1 日当たりのエネルギー消費量は 30,000 kcal（130,000 kJ）近くまで増加した。これは，上に述べた人間一人の基礎代謝量の約 15 倍である。このようにエネルギー消費量はかなり増えたが，それでもこうした生活で人類が使っていたエネルギーは，究極的にはすべて太陽起源のエネルギーであったことに注目したい。燃料として使っていたのは，薪(まき)や炭などいずれも太陽のエネルギーで育った植物から得られたものである。結局，薪などに蓄えられた太陽のエネルギーを熱エネルギーと光エネルギーとして利用していたことになる。また，水車や風車も結局は太陽のエネルギーで回っていることに注意しよう。川の流れも風も太陽の作用によって生じるものだからである。食料もまた，太陽のエネルギーだけで得られた。穀物類はもちろんのこと，食料としての動物も太陽のエネルギーで得られた餌で育つものである。

このような太陽の恵みだけに依存した生活は，産業革命が起こる 18 世紀初頭まで続く。人口も産業革命前夜に至るまでの約 2000 年の間に数倍増加したに過ぎない。産業革命直前の世界の人口は多く見積もっても 10 億人程度であ

ったと考えられているが，この数は太陽のエネルギーだけに頼って地球上に生存できる人間の数の限界であるのかも知れない。特に，紀元前後から，水車や風車などの大型装置が普及し始める 11 世紀ごろまでの 1000 年もの間，世界の人口は 2〜3 億人の間でほぼ一定していた。

産業革命　　人類は石炭を古くから知っており，今から 3000 年も前に中国やギリシアで使われていたという記録がある。しかし，燃やしたときの臭いが強いなどの理由で，ほとんど利用されてこなかった。石炭が本格的に使われ始めたのは，16 世紀の半ば，イギリスでのことである。その理由は，薪や炭の供給源であった森林の枯渇である。燃料としての薪を得るため長年にわたって森林の伐採を続けてきた結果，新しい木の生長が追いつかなくなってしまったのである。

このような中，18 世紀半ばに**産業革命**が起こる。そのきっかけは，蒸気機関の発明であった。1765 年，現在使われているような本格的な**蒸気機関**がイギリスのワット Watt によって発明された。これは，織機（しょっき）など，工作機械の動力として画期的なものであった。また，蒸気機関を船の動力に応用した**蒸気船**も実用化された。さらに陸上では，蒸気機関を動力とする**蒸気機関車**が発明され，鉄道という新しいタイプの輸送手段が生まれた。こうして，手工業の時代[*1]から機械による大量生産の時代へと，産業構造が革命的に変化した。

蒸気機関は，ボイラーの水を沸騰させ，発生した水蒸気の圧力でピストンを動かすことにより運動エネルギーを得る装置である（図 1-6）。蒸気機関を動かすには大量の燃料が必要である。そこで安定して供給できる燃料であるということから，石炭が世界各国で盛んに使われるようになった。こうして，薪や炭など，木材を燃料としていた時代から，石炭など，化石資源をエネルギー源とする時代に突入することになる。このように，蒸気機関の発明は社会のエネルギー事情を一変させるものであった[*2]。

19 世紀の後半には**内燃機関**（いわゆる「エンジン」）が発明された[*3]。これ

[*1]　産業革命前夜の手工業は，多くの人員が工程内の分担を決めて流れ作業を行う「工場制手工業（マニュファクチュア）」の段階にあった。

[*2]　日本は，徳川幕府の鎖国政策により，世界各国で起こった産業革命の潮流に乗り遅れた。日本での産業革命は，列強より 100 年以上遅れた 19 世紀後半，明治維新のときである。

[*3]　1876 年，ドイツのオットー Otto によって発明された。

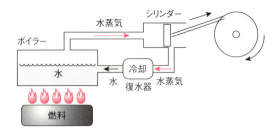

図1-6 蒸気機関の原理

燃料で水を加熱し水蒸気を発生させる。この水蒸気がピストンを「押す」。水蒸気はこの後, 外部に導かれ復水器で液体の水に戻される。このことでシリンダ内に負圧が生じ, 今度はこの力でピストンを「引く」。ピストンの往復運動はクランクによって回転運動に変えられる。ここでは簡単のため, ピストンが右に進む場合のみ示した。実際はピストンは往復運動をするので, 構造はもっと複雑である。

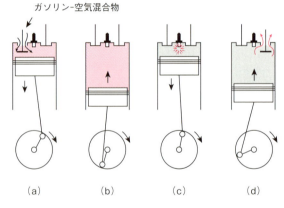

図1-7 内燃機関の原理

乗用車などに搭載されている4サイクルエンジン。(1) 吸入：ピストンが下がることによってガソリンと空気の混合気をシリンダ内に吸い込む。(2) 圧縮：勢いで上昇するピストンによって混合気が圧縮される。(3) 爆発：シリンダ上部のプラグの電気火花によって混合気が爆発しピストンが勢いよく押し下げられる。(4) 排気：惰性で上昇するピストンによって燃焼生成物（廃ガス）が排気される。

は, 燃料を直接, 機関の内部で燃焼させてピストンを動かすものである（図1-7）。内燃機関には石炭のような固体燃料の使用は不可能で, 液体である石油（ガソリンなど）を使う必要がある。内燃機関は蒸気機関に比べ効率がよく, また小型化が可能であることなどから, 蒸気機関に取って代わって動力源の主

流となった*。現在，自動車，船舶，小型プロペラ機などの乗り物をはじめ，内燃機関によって駆動される動力装置は，きわめて数多い。

このように，現在では動力装置として内燃機関が主流となっているので，石炭よりも石油が多用される。石炭，石油については，次の章で詳しく述べよう。

―――― コラム　イギリスの運河 ――――

　イギリスでは，18世紀から19世紀にかけて国中に運河が作られた。これは幅5m以下の小さなものであるが，国内に網目状のネットワークを構成しており，各地の炭田で掘られた石炭をはじめ，種々の物資の輸送に重要な役目をになっていた。19世紀前半，鉄道輸送にその役目を譲ったが，現在でも数千kmが残っている。今ではこの運河を，キッチン，バス，トイレを備えた小さな船で何日もかけて旅するのが，イギリス人の楽しみのひとつになっている。

ナローボートと言われる船でペットも一緒に旅をする。産業革命の思わぬ遺産である。イギリス・バーミンガムで。

産業革命のもたらしたもの　産業革命のもたらした最大の変化は，太陽のエネルギーだけに頼らず地下から掘りだした石炭，石油など，いわゆる化石資源を燃やしてエネルギーを得るようになったことである。太陽のエネルギーを使うには手間がかかる。たとえば，燃料としての薪を得るには木を植えて数年から数十年待たねばならない。それに対して，化石資源は掘って燃やすことによっていつでもどこでもエネルギーを得ることができる。こうして人々は，どんどん化石資源を使うようになり，エネルギー

---

*　機関の内部で燃料を燃やすので，内燃機関と呼ばれる。これに対して，蒸気機関を"外燃機関"と呼ぶことがある。

20

── コラム　蒸気機関の "発明" ──

　今から 2000 年ほど昔，プトレマイオス朝エジプトの時代にアレクサンドリアの発明家ヘロンが "人類初" の蒸気機関を発明している。これはちょうど地球儀を南北軸を水平にして置いたようなもので，支えを兼ねた管を通じ下部から球内に加熱した水蒸気を導く。球の表面には 2 ヵ所に吹き出し管がつけられており，この管から水蒸気が接線方向に向かって勢いよく吹き出すとその逆方向に球が回転する，という仕掛けである。これは，実用的なものでなく，水蒸気の力を示すための装置であったと考えられる。この時代に，噴射の反作用の原理を知っていたことは興味深い。

　イギリスでは，17 世紀末から水蒸気の力を利用した揚水機（一種のポンプ）が使われていたが，1712 年，ニューコメン Newcomen が鉱山の排水用としてピストンを用いた蒸気機関を製作した。このことから，ニューコメンを近代的蒸気機関の発明者とみなすこともある。しかし，ニューコメンの蒸気機関は水蒸気の凝縮によって発生する負圧（引く力）を利用するもので，大気圧（＝1 気圧）以上の力は得られない。おまけに，熱効率（いわゆる「燃費」」）が極端に低かった。これに，新しい発明と言えるまでの根本的な改良を加えたのがワットである。ワットの蒸気機関では，負圧だけでなく正圧（押す力）も利用するので格段に大きな力が得られる。また，水蒸気を水に戻す復水器をシリンダーの外に置くことによって熱効率が大幅に向上した。さらに，ピストンの往復運動を回転運動に変える装置，すなわちクランクを導入することで汎用性が大幅に向上し，さまざまな分野への普及が進んだ。（図 1-6 参照）

消費量が爆発的に増加した。19 世紀の終わり頃には一人 1 日当たりのエネルギー消費量は，80,000 kcal（330,000 kJ）近くにまで達していたと推定されている。一方，人類全体が使えるエネルギー量が増えた結果，人口が指数関数的に増え始めた（図 1-3）。これは人類史上二回目の人口爆発というべきものであるが，一回目（上述）に比べその増加の程度は桁違いに大きい。

　ところで，化石資源も太陽のエネルギーで育った植物が変化したものであるから，結局は太陽のエネルギーを使っていると言えるかも知れない。しかし，化石資源ができたのは人類が誕生するよりはるか昔，2 億年以上前の太古のことである。したがって，化石資源の使用を，数年前（木材のようなものでもせいぜい数百年前）の "太陽の恵み" を使うことと同じレベルで論じることはできない。

　産業革命から始まったエネルギー（一次エネルギー）消費量の増加と人口の増加は現在でも続いている。その増加ぶりが余りにも激しいので数値はどんど

コラム　蒸気機関車の光と陰

　汽笛の音高らかに，黒煙を吐いて走る蒸気機関車（SL）。特に，山の勾配を長い列車をひっぱって力強く登っていくさまは，鉄道ファンならずともわくわくする光景である。こんな蒸気機関車の姿に郷愁を覚える人も多いかも知れない。実際，全国各地で蒸気機関車の牽くイベント列車が走っていて人気を集めている。しかし，蒸気機関車の全盛時代，線路脇の住民にとって蒸気機関車から吐き出される黒煙は迷惑の種であった。黒煙の正体は，炭化水素の不完全燃焼によって生じるススであり，これが洗濯物に付着したりする。また，家の中に忍び込む煙の臭いに悩まされることもあった。

　これほどはっきり目に見えるかたちで"汚染物質"をまき散らして走る乗り物は，今なら当然非難の対象になっただろう。しかし当時，大気汚染はまだ深刻化しておらず，蒸気機関車の煙が大きな問題になることはなかった。ところが皮肉にも，蒸気機関車が日本国内から次々と姿を消し始める1960年代，高度成長の波に乗って各地の工場から大量に吐き出される煤煙で，わが国の空は急速に汚されていく。蒸気機関車全盛の時代は，ほかにこれと言って"公害"のなかった，古き良き時代であったのかも知れない。

蒸気機関車（京都・山科付近の「つばめ」，1950年代前半）（交通博物館所蔵）

ん変化しているが，ここで大まかな数字を見ておこう。2019年，主要国のうち，国民一人当たりのエネルギー消費量が最も多い国はカナダで，その消費量は一人1日で22万kcal（93万kJ）である。アメリカ合衆国がそれに続き，一人当たり1日で18万kcal（77万kJ）のエネルギーを消費している*。これは，一人の人間が生きるための基礎代謝量の実に100倍ほどに相当する。日本やヨーロッパの主要国の消費量は，カナダ，アメリカの1/2〜2/3程度であり，

---

*　日本原子力文化財団「原子力・エネルギー図面集」（2021/12/15更新）による。なお，ここでは一次エネルギー供給量として報告されているが，消費量とほぼ同じと見なして良い。

中国がそれに続いている。中国は人口が多いので，国別のエネルギー消費量では飛び抜けての第1位である。

　一方，世界の人口は急激に増え続けており，2020年現在，約78億人である。このままいくと，2056年ごろに100億人を突破するのではないかという予測もある。こうした人口の増加は，エネルギー消費量をさらに増大させる。

　現在，私たちが大量に利用しているエネルギー（生活に必要な物質を含めた資源も含む）の大部分は，有限な地下資源である化石資源である。有限である以上，使い果たしてしまう日が必ずやって来る。さらに，化石資源の大量使用がもたらす，環境への深刻な影響も懸念される。人類の将来を考えたとき，こうした資源をこのまま贅沢に使い続けていいものだろうか。化石資源の節約のため，新しい資源（＝エネルギー源）を見つけだすことはできないだろうか。21世紀に生きる私たちに突きつけられた大きな課題である。

ノート1　　水車と風車の話

　水車と風車は，自然のエネルギーの利用という観点から見て人類最大の発明のひとつであろう。水車が世界のどこで，いつ使われ始めたかは明らかでないが，紀元前2世紀にギリシアで書かれた詩の中に製粉用の水車が出てくるので，それ以前から使われていたことが分かる。一方，風車も，紀元前に使われていたことを示唆する記録が残っている。当初は娯楽用，もしくは宗教上の目的で使われていたらしく，仕事用の動力を得るために使われ始めたのは，10世紀頃ではないかと考えられている。

　風車でおなじみの国はオランダであるが，この風車は海面より低い国土に流れ込む海水を排水し続けるためのものであった。このような風車は15世紀から盛んに利用されるようになり，17世紀の最も多い頃には海岸地方に約8,000基もあったと言われている。現在では排水は大部分が電動のポンプで行われている。

　また風車と聞いて，スペインのセルバンテス（1547〜1616）の小説「ドン・キホーテ」を思い浮かべる人も多いだろう。——世直しの意気に燃えて遍歴の旅を続ける騎士ドン・キホーテ。あるとき，平原に並ぶ数十基の風車を見つけてこれらを邪悪な巨人と思いこむ。そして，従者があれは風車だと止めるのも聞かず，乗馬を駆けさせ槍で突きかかる。結果は，突風で勢いを増した風車の羽根木にこっぴどく叩かれドン・キホーテの惨敗に終わった…。この風車は製粉用のものであるが，16世紀のヨーロッパでは，このような風車が権力を持つ領主たちの手によって盛んに作られた。ドン・キホーテは，実は，"権力の象徴"に戦いを挑んでいたのである。

　わが国では水車と風車は，どのように使われていただろうか。山がちな国土を持つわが国には，流れの速い川が多い。そのため，全国いたるところに製粉用，灌漑用の水車が設置されていた。今でも現役で活躍しているものも多くあり，また由緒ある水車が各地に保存され往時を偲ばせてくれる。一方，風車は，台風の強い風に見舞われるという事情もあって，わが国ではまったくと言っていいほど発達しなかった。ただ明治以降，灌漑用に小規模な風車が利用されたことがある。たとえば，大阪平野南部の畑地には，大正から昭和30年代にかけて，いわゆる"堺の風車"といわれる小型の風車が見られた。これは，かつて一般家庭でよく使われた手押しポンプを小さな風車で動かし，井戸水を畑に汲み上げる装置である。最盛期には350台余りが働いていたといわれ，この地方ののどかな風物になっていた。

　こうして中世以降，使われてきた水車や風車だが，蒸気機関の発明以来，より効率のよい動力装置が次々と現れ，これらに太刀打ちできなくなった。そして，今では実用的な水車や風車はほとんど姿を消している。しかし，水の流れや風の力をエネルギー源として利用しようという試みから，これらは新しいかたちとなって復活している。現在ではタービン型の水車が発明されこれが水力発電で活躍しているし，風車は風力発電の装置として見直されている。

水　車

風　車

スペイン・マドリード郊外の風車。かつて製粉用として使われたが，現在はほとんどが観光用である。ドン・キホーテの挑んだ風車は，このようなものであったに違いない。

2 エネルギーのかたち

　序章でも述べたとおり，私たちの生存そのものがエネルギーを消費することである。私たちは毎日，食料を含めさまざまなエネルギーを消費することによって生きている。それでは，エネルギーとはいったい何だろうか。その昔，エネルギーは物質の一種と見なされていたこともあったが，それは正しくない。簡単に言えば，エネルギーとは外部に何らかの仕事をすることのできる能力のことである。この章では，身近な例を挙げながら，エネルギーとは何かという問いに対するはっきりした答えを探っていきたい。

2-1 エネルギーとは何か

　エネルギーとは何だろうか。このことを，「粉挽き水車」の働きを見ながら考えてみよう（第1章，図1-5 (p.15) 参照）。"粉を挽く"とは，小麦などの穀物を石臼などで粉にすることである。石臼を回すには，人の力を使ってもよいし動物の力を借りることもできる。ここでは，水車が石臼を回して粉を挽く仕事をしているとしよう。直接石臼を回しているのは水車である。しかし，水車は水の力で回るのだから，結局この仕事をしているのは水車を回した水である。それでは，どうやって水は水車を回すことができるのだろうか。言うまでもなく，高いところから低いところへ流れるからである。標高の高い山あいのダム湖を考えよう。ここに貯まっている水は何もしない。しかし，いったん水門が開かれると低い方に向かって流れ出し，その途中で水車を回すという仕事をすることができる。当然ながら，いちばん低いところ（海）まで流れ落ちた水はもはや水車を回す力はない。すなわち，高いところにある水は外部に何らかの仕事をする能力があることになる。水だけでなく，高いところにある物体

は外部に仕事をする潜在能力を持っている。このような潜在能力を，**位置エネルギー**という。

　もう一つ例を挙げよう，タンクに貯まっている石油は何もしない。しかし，この石油に火をつけると燃焼によって外部に熱を放出し，この熱で仕事をすることができる。たとえば，この熱で水を加熱して水蒸気を発生させれば，これでピストンを動かしたりタービンを回したりして機械を動かすことができる。つまり石油は，高いところにある物体と同様，外部に何らかの仕事をする潜在能力を持っている。これは，石油の**化学エネルギー**（**内部エネルギー**）と呼ばれる。石油は，燃焼によって熱を放出すると同時に別の物質に変化し，もはやそれ以上，熱を放出することはない。

　このように，**外部に何らかの仕事をすることのできる能力をエネルギー**という。それでは，エネルギーには，上であげたもののほか，どのようなかたちのものがあるのだろうか。

2-2 エネルギーの変換と変換効率

　エネルギーにはさまざまなかたちがあり，それらは互いに変換する。ここで蒸気機関を考えてみよう。これは，水蒸気の力でピストンを動かして動力を得る装置である（第1章，図1-6（p. 18）参照）。水蒸気を得るのにまず水を加熱しなければならないが，その燃料として石炭を使ったとしよう。石炭の燃焼熱はボイラーで水に渡される。この過程で，石炭は消費され，そのぶんに見合っただけ水が加熱され水蒸気が発生する。このことは，石炭の持つ**化学エネルギー**が水蒸気の**熱エネルギー**に変換されたことを意味する。そして，この熱エネルギーがさらにピストンの**運動エネルギー**に変換される。すなわち，ここでは石炭の化学エネルギーが，最終的にピストンの運動エネルギーに変換されたと表現できる。

　図2-1に，さまざまなかたちのエネルギーの相互変換と，その変換をもたらす装置，またはその変換に関わる現象を示した。ここで注意したいのは，あるエネルギーを別のかたちのエネルギーに変換しようとするとき，望みのエネルギーへの変換は100%の効率では起こらないという点である。図2-2に，石油を燃料とする火力発電でエネルギーが変換される様子を示した。ここでは，**化**

学エネルギー→熱エネルギー→運動エネルギー→電気エネルギー，というエネルギーの変換が起こっているが，いずれの段階のエネルギー変換効率も100％に達していない。石油の化学エネルギーが電気エネルギーに変換されるまでの全行程の効率は，各段階の変換効率を掛け合わせて結局39％となる。つまり，石油の持つ化学エネルギーのうち，61％が無駄になっている*。

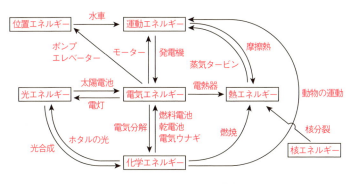

図2-1　エネルギーの相互変換

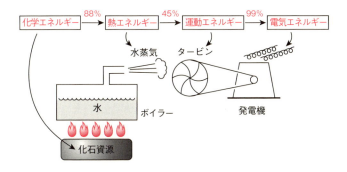

図2-2　火力発電におけるエネルギーの変換
パーセントは各段階のエネルギー変換効率。全行程の効率は
$(0.88 \times 0.45 \times 0.99) \times 100 = 39\%$ となる。

各段階の効率は技術的な改良によって改善され得るが，熱エネルギーから運動エネルギーへの変換だけはそうはいかない。この段階の効率は45％とかな

＊　ここで無駄という言葉を用いたが，これはエネルギーが消失したという意味ではなく，私たちの望んでいないエネルギーに変換されたという意味である。この例では，石油の持つ化学エネルギーの88％は水蒸気の熱エネルギーに変換されたが，残りの12％は他のもの（例えば周りの空気）の熱エネルギーに変換されたのである。

「運動エネルギー」と「力学的エネルギー」；語句の使い分け

発電機は内部の磁石（またはコイル）が回転することによって発電する[*1]。つまり，磁石の回転運動が電気エネルギーを産み出すという仕事をする。この例でも分かるとおり，運動している物体[*2]には外部に仕事をする潜在能力がある。つまり，エネルギーを持っている。これが**運動エネルギー**である。静止している物体でも，あるエネルギーを持つことがある。たとえば，引っ張られた状態で静止しているバネはエネルギーを持っている。支えがなくなって元に戻るとき，外部に仕事をすることができるからである。この種のエネルギーは，ポテンシャルエネルギーと呼ばれることがある。運動エネルギーやポテンシャルエネルギーのような，ある物体が物理的に保持するエネルギーを総称して**力学的エネルギー**（または**機械エネルギー**）という。広い意味では，位置エネルギーも力学的エネルギーに含まれる。

この本では，「動力」という観点から力学的エネルギーを論じることが多いので，もっぱら「運動エネルギー」という語句を使うことにする。

*1　第4章，図4-2（p. 71）参照。
*2　分子や原子のような微粒子も，その運動量に相応した運動エネルギーを持っている。

熱機関のエネルギー変換効率

蒸気機関や**内燃機関**など，熱エネルギーを運動エネルギーに変換する装置を一般に**熱機関**という。これらの装置でのエネルギーの変換効率（熱効率）は，周り（低熱源）の温度 T_1 と熱機関（高熱源）の温度 T_2（温度は絶対温度）の差で決まる。変換効率を e とすると，$e=(T_2-T_1)/T_2$ である。したがって，室温 20℃ のとき熱機関を 220℃ で運転したとすると，変換効率 e は理論的には 41% になる。これは理想的な最大値であり，実際の効率はピストンの摩擦によるエネルギー損失などのため，もっと低い。

ここで注意したいのは，熱機関と周りの温度の"差"が重要なのであって，熱機関の温度そのものが高いかどうかは意味がないということである。熱機関の温度をいくら高くしても，周りの温度も同じように高ければ熱機関は働かない。逆に，熱機関が常温にあっても周りの温度が十分低ければ，常温の熱から運動エネルギーを取り出すことができる[*]。

この熱効率の理論を最初に示したのは，フランス人物理学者カルノー Carnot であった。内燃機関が発明される 50 年も前，1824 年のことである。この理論は，後に述べるエントロピーの概念と密接に結びつくものであるが，当時は，熱力学はまだ成熟しておらず，熱素（＝カロリック；章末参照）という，あるはずのない粒子の存在が信じられている時代であった。カルノー自身も熱素説の信奉者であったと言われる。このときのカルノーのように，誤った前提に基づきながら正しい結論にたどりついたという例は，自然科学史上，時折見られる。

*　このことから，低温を利用した「温度差発電」が可能になる。第5章5-6節，p. 98参照。

り低いが，これは熱力学の原理に基づく制約があるからである。熱力学によれば，熱機関（蒸気機関や内燃機関など）のエネルギー変換効率は，熱機関の温度と周囲の温度との温度差で決まる上限を越えることはできない。一般的に使われている熱機関では，約50%の熱エネルギーを周囲に捨てなければならない。つまり，変換効率は約50%である。このことは，ある資源の持つエネルギーの有効利用ということを考えたとき，非常に重要である。すなわち，ある物質の持つ化学エネルギーを他のエネルギー（たとえば運動エネルギー＝動力）の源として利用しようとするとき，熱エネルギーを経由する限りこの熱力学的制約を受けることになり，エネルギーの半分ほどは無駄になってしまう。

表2-1に，いくつかのエネルギー変換における変換効率を掲げた。エネルギーの変換効率は装置によって改善され得ることが分かる。たとえば，電気エネルギーから光エネルギーへの変換を見てみよう。この変換の効率は，白熱灯ではわずか4%であるのに対し，蛍光灯では20%程度，LED（Light Emitting

表2-1 エネルギーの変換効率

変換に関わる装置など	変換のかたち	変換効率（%）
発電機	運動 → 電気	99
電動モーター		
大型	電気 → 運動	92
小型	電気 → 運動	62
ボイラー（大型）	化学 → 熱	88
家庭暖房		
ガス	化学 → 熱	85
石油	化学 → 熱	65
タービン（水蒸気駆動）	熱 → 運動	45
内燃機関		
乗用車用エンジン	化学 → 運動	25
ディーゼルエンジン	化学 → 運動	37
電灯		
白熱灯	電気 → 光	4
蛍光灯	電気 → 光	20
LED	電気 → 光	~30
自転車上の人	化学 → 運動	50
徒歩の人	化学 → 運動	12
燃料電池	化学 → 電気	60
太陽電池	光 → 電気	<46

J. W. Moore, E. A. Moore（岩本振武訳），「環境理解のための基礎化学」，東京化学同人（1980）。p.65の表をもとに作成。

───── コラム　青色 LED ─────

20 世紀の後半に登場した LED（Light Emitting Diode；発光ダイオード）は、今やふつうの灯りとして身の回りに溢れている。n 型半導体と p 型半導体を接合させたもので、太陽電池の逆の仕組みで光ると考えれば良い。つまり、LED では太陽電池と逆に、電気エネルギー → 光エネルギーの変換が起こっている。長所は、エネルギーの変換効率が比較的高いこと、寿命がきわめて長いことなどである。逆に原理的な欠点として、白熱灯や蛍光灯と違って発光の波長にかたよりがあることが挙げられる。白色光は、私たちが感知できる可視光のすべての波長を含む光である。ところが LED は一部の波長の光しか発光しないので、LED からの灯りは色がついて見える。発光波長（つまり、光の色）は半導体の材質によって決まっており、初期の LED は赤色か緑色であった。このため、LED の用途は限られていた。その用途が一気に広がったのは、"夢の LED" と言われていた「青色 LED」が実用化されてからである。このことで、光の三原色である赤、緑、青がそろうことになり、同時に発光させることで実用的な白色光が得られる*。こうして、LED は部屋の照明、街灯、車や鉄道車両の前照灯、また各種の表示など、幅広い分野で爆発的に普及が進んだ。

青色 LED の開発に関しては各国の研究者がしのぎを削っていたが、基礎的研究を行った名古屋大学の赤﨑勇氏、天野浩氏、および日本の企業で実用化に繋がる研究を行った中村修二氏（現・カリフォルニア大学教授）の研究業績が評価され、三氏に 2014 年のノーベル物理学賞が授与された。

*　白色光を得るには、青色 LED に黄色蛍光を加えるという方式もある。いずれにせよ、青色 LED が必要である。

Diode; 発光ダイオード）ではさらに高い 30% 程度である*。このことは、同じ明るさを得るとき、蛍光灯に比べ LED の方が消費電力が少ないことを意味する。変換効率が 100% より低いのは、残りの電気エネルギーのほとんどは熱エネルギーに変換されてしまっているからである。

通勤通学のため、自宅と駅の間の移動に自転車を利用する人もいるだろう。これは自転車で行く方が明らかに速くかつ楽だからである。自転車を使った場合、自分自身（および荷物など）のほかに自転車を移動させるので、自転車の重量の分だけ、徒歩の場合より余分にエネルギーが必要となる。それにもかかわらず楽なのは何故だろうか。それは、徒歩の場合と比べ自転車を用いたとき、

---

*　LED 単体での理論変換効率は 50% 近いが、実用的な白色光を作り出す仕組みの電気的効率などのため、効率は 30% ほど（あるいはそれ以下）に低下する。

私たち自身の体の内部エネルギー（化学エネルギー）が，より効率よく運動エネルギーに変換されるからである。表2-1によると，その変換効率の比は4倍にもなる[1]。

2-3 化石資源のエネルギー〜化学エネルギー〜とは何か

化石資源（または紙や木）を燃やすと，熱エネルギーが発生する[2]。この熱エネルギーは化石資源が持つ**化学エネルギー（内部エネルギー）**が変換されたものである。それでは，化学エネルギーとは何だろうか。

ある化合物の分子は，いくつかの原子が共有結合[3]で結びついてできている。化石資源の主成分である**炭化水素**の分子はいくつかの炭素原子と水素原子が共有結合でつながってできたものである（第3章，図3-3（p. 46）参照）。炭化水素の燃焼とは，炭化水素が酸素（O_2）と反応して水（H_2O）と二酸化炭素（CO_2）に変化する化学反応のことである。最も簡単な炭化水素であるメタン（CH_4）の燃焼反応を図2-3に示した。この例で見られるとおり，化学反応とは原子間結合の切断と生成の過程であり，反応の前後で原子の種類と数に変化はない。化学反応の際のエネルギー収支は，切れる結合と生成する結合の**結合エネルギー**の差し引きで決まる。ここで，結合エネルギーとは，その結合を切断するのに必要なエネルギーのことである。大きい結合エネルギーの結合を持つ分子ほど，全体としてエネルギーの低い状態にある。代表的な結合の結合エネルギーを表2-2に掲げた。

メタンの燃焼の場合では，メタン分子中の4本のC-H結合，および酸素分子2個に含まれる合計2本のO=O結合が切れて，二酸化炭素分子中の2本のC=O結合と水分子2個の中の合計4本のO-H結合が生成する。表2-2には，おもな共有結合の結合エネルギーの値を示してある。ここの値を用いて，

---

[1] このように考えると，エネルギーの有効利用という点で，自転車は人類の最も偉大な発明のひとつと言える。

[2] いろいろな燃料が灯火用にもなることから分かるように，ものを燃やすと熱と同時に光も放出される。つまり，燃焼によって，燃料の持つ化学エネルギーは熱エネルギーと光エネルギーに変換される。しかし，放出される光エネルギーの量は熱エネルギーの量に比べて少ないこともあり，ここでは簡単のため光エネルギーの発生は無視して話を進める。

[3] 原子が互いに出し合った電子を共有することで作られる結合。非常に強い結合である。

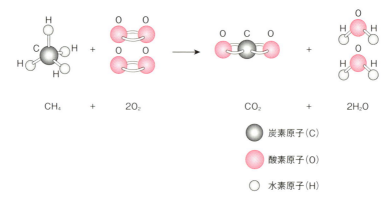

図 2-3 メタンの燃焼
燃焼という化学反応が起こったとき，原子の種類と総数に変化はない。

表 2-2 共有結合の結合エネルギー
(kJ/mol, 0℃ における値)

二原子分子	
H−H	436
O=O	494
多原子分子	
C−H	411
C−C	366
O−H	459
C=C	719
C=O†	799

† 二酸化炭素の値

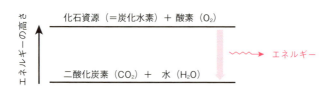

図 2-4 化学エネルギーとは何か？
燃焼によってエネルギー（主に熱エネルギー）が放出されたのだから，
燃焼前の物質はその量に相当するエネルギーを持っていたことになる。
そのエネルギーを「化学エネルギー」と呼ぶ。

メタンの燃焼で切れる結合と生成する結合の結合エネルギーの差を計算することができる。すなわち，(2-1) 式のように，出発物質である「メタン1分子＋酸素2分子」に含まれる結合の結合エネルギーの合計を，生成物である「水2

分子＋二酸化炭素 1 分子」に含まれる結合の結合エネルギーの合計から引くと，生成物は出発物質より 1 mol 当たり 802 kJ ぶんエネルギーの低い状態にあることが分かる[*1]。

$$(2 \times 799 + 4 \times 459) - (4 \times 411 + 2 \times 494) = 802 \qquad (2\text{--}1)$$

したがって，メタンの燃焼ではこのエネルギー差に相当するエネルギーが熱エネルギーのかたちで外部に放出される（図 2-4）。これを，メタンの**燃焼熱**という。メタンに限らず，炭化水素（化石資源）など燃料に使われる物質は，燃焼することによって（つまり，二酸化炭素と水に変化することによって）エネルギーの低い状態になるので，その差のぶんの熱エネルギーを放出する。逆に言えば，燃焼することによって熱エネルギーを放出するので，そのもととなるエネルギーを（炭化水素の）化学エネルギーと定義したのである。

2-4 "省エネルギー"の熱力学的意味

エネルギーの保存　　**熱力学第一法則（エネルギー保存則）**によれば，全宇宙のエネルギーの総量は保存される。エネルギーの量はいかなることがあっても増えることはないし，一方，減ることもない。この法則は，何もないところからエネルギーが生じることは絶対にないという厳然たる事実を教えている。つまり，永久機関（およびそれに基づく永久運動）は原理的にあり得ない。同時にこの法則によれば，どのようにエネルギーを利用しようともエネルギーは消失しない。結局，エネルギーを使うということは，あるかたちのエネルギーを違ったかたちのエネルギーに変換することにほかならない。たとえば，石油を燃やして水を加熱するという過程は，石油（炭化水素）の持つ化学エネルギーを水の熱エネルギー[*2]に変換することである。ここで，消費された石油の化学エネルギーと，水が獲得した熱エネルギーの量は理想的には等価となる[*3]。

---

*1　(2–1) 式の計算では，生成する水は気体（水蒸気）であるとしている。現実には水は液体になるので，水（2 分子）の凝縮熱（44 kJ×2）のぶんだけさらに発熱となる。すなわち，結合エネルギーの差し引き，および水の凝縮熱から計算したメタンの燃焼熱は，802＋88＝890 kJ となる。第 3 章 3-5 節，p. 54 参照。

*2　熱エネルギーのひとつの指標が**温度**である。あるひとつの物質（たとえば水）の一定量で比べた場合，温度が高いということは熱エネルギーを多く持っていることを意味する。

系の乱雑さ　上述のように，エネルギーはどのように使ってもその総量が変化しないのであれば，「エネルギーを大切に使おう」とか「省エネルギーを心がけよう」とかいう標語には意味がないのだろうか。石油を燃料として熱湯を得るという過程をもう一度考えてみよう。当たり前のことだが，石油を燃やして熱湯を得ることはできるが，熱湯があっても石油を作ることはできない。このように，化学エネルギー→熱エネルギーという変換は可能であるが，その逆は不可能である（図 2-5）。ごく簡単に言ってしまうと，エネルギーを使うことでエネルギーは違うかたちに変換され得るが，必ず"使い勝手の悪いエネルギー（低品位のエネルギー）"に向かって変換されるのである。したがって，私たちがエネルギーを何かに利用するとき（エネルギーの側から見れば，外部に仕事をするとき），必ず"使い勝手が悪く"なる。**エネルギーはどのように使っても"量"は変化しないがその"質"はどんどん低下する**，と表現してもよい。

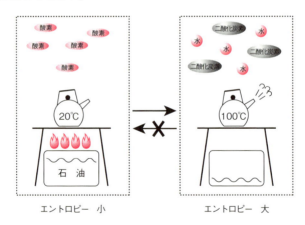

図 2-5　石油を燃やしてやかんの水を沸かしている図
右（お湯が沸いた状態）のほうが，より乱雑になっていることに注意しよう。

　図 2-5 の変化を詳しく見てみると，左の状態より右の状態のほうが**より乱雑**になっていることがわかる。空間を飛び回る気体分子（このときの"水"は気体である水蒸気になっている）の数は増加しているし，やかん中の水の運動は

＊3　実際には，水を入れた容器や周りの空気も温められるので，石油の化学エネルギーが完全に水の熱エネルギーに移ることはない。

温度が高くなったのだからより激しくなっている。また，左では液体という秩序だった状態にあった石油が右ではなくなっている。すなわち，ここで見ている「石油を燃やして湯を沸かす」という過程は，全体的により乱雑になる変化である。自然界では，このような，より乱雑な方向に向かう変化は自発的に起こるが，その逆方向の変化が自発的に起こることはない。つまり，系の**乱雑さ**が変化の方向を決めている。このことから，系の乱雑さの尺度として**エントロピー**という量が定義されている。エントロピーの値は，系がより乱雑であるほど大きいと決められているので，「自然界では，エントロピーは常に増大しようとする」という表現ができる。この自然法則は，**熱力学第二法則（エントロピー増大の法則）**と呼ばれる。

　図2-5をもう一度じっくり見てみよう。系がより乱雑になれば（つまりエントロピーが増大すれば），系の持つエネルギーは"使い勝手"が悪いもの（低品位のもの）になっている。石油のままであれば燃料にしたりプラスチックを作ったりさまざまな使い道があるが，熱湯ではものを加熱するという仕事しかできないからである。つまり，"使い勝手の悪い"エネルギーとは，エントロピーが大きいエネルギーであることが分かる。そこで，エネルギーの"使い勝手"の程度を定量的に表すため，エントロピーを用いて**自由エネルギー**という量が（2-2）式のように定義されている。（2-2）式によれば，ある温度 T で系のエネルギー（**エンタルピー**ともいう）H が一定ならば，エントロピー S が小さい（乱雑さの度合いが小さい）ほど自由エネルギー G は大きい。つまり，自由エネルギーは，値が大きいほど使い勝手のよい（高品位な）エネルギーであることを意味している。

$$G = H - TS \qquad\qquad (2\text{-}2)$$

　　　　（G；自由エネルギー，H；エネルギー（エンタルピー），

　　　　　S；エントロピー，T；絶対温度）

　結局，「エネルギーを大切に」という標語は，正しくは「自由エネルギーを大切に」と言い換えるべきであることが分かる。熱力学の言葉の正確な定義に従えば，「省エネルギー」という言い方は誤りであり，「省・自由エネルギー」と表現すべきである。

　この本では，混乱を避けるため，必要な場合には「省資源」という表現を用

いることにする。

コラム　永久機関の夢

　永久機関とは，初めにいったんエネルギーを加えればその後は永久運動をし続ける機関のことである。このような機関が存在するなら，それはエネルギーの供給なしに外部に仕事をし続ける。中世以来，多くの人々がこの"夢の機関"の発明に取りつかれ，さまざまな仕掛けを考案してきた。現在でもこのような機関を真面目に考えている人がいて，特許申請さえたびたびなされている。しかし，永久機関が実現不可能であることは理論上，明らかである。"永久機関"としてこれまで提出されているもののうち，熱力学第一法則に反するものは第一種永久機関と呼ばれ比較的おかしな点を見つけやすいが，熱力学第二法則に反する第二種永久機関は一見したところその矛盾点が分かりにくい。図2-6にいくつかの例を示す。

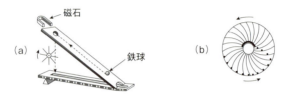

図2-6　第一種永久機関の例
（都筑卓司，『マックスウェルの悪魔』，講談社）

(a) 強力な磁石にひかれて鉄球が斜面を上っていくが，途中に穴があるので下に落ちる。落ちるときに仕事をし，また元の位置に戻る。こうして永久に仕事をし続ける。
(b) 部屋の仕切りが山なりになっているので，各部屋にある鉄球は車輪の左側では外側へ，右側では軸に近い方へ移動する。したがって左半分の力のモーメントは右半分より大きく，車輪は反時計回りに回転を続ける。
(a)(b)どちらも，実際は説明のような運動は起こらない。どこがおかしいか考えてみよう。

平和鳥

店のディスプレイなどで平和鳥というおもちゃを見かけることがある（図2-7）。コップの水を飲みながらお辞儀をするような運動をいつまでも繰り返す。熱力学第一法則（エネルギー保存則）によると，どんな運動でも摩擦熱などでエネルギーが少しずつ失われるから，外部からエネルギーを与え続けない限り永久に続くことはあり得ない。では，ここに見られる平和鳥の運動はどのように説明できるのだろうか。

この鳥は巧妙に工夫されたガラス製で，中には沸点が低く室温で容易に気化するエーテルが封じ込めてある*。まず，その頭を押さえて布を張ったくちばしをコップの水につけてやると，このときの傾きで首のガラス管の下部がお尻のエーテルの液面から離れ，頭のエーテルはお尻に流れ落ちるようになっている。そのためにお尻のほうが重くなり鳥は直立する。鳥はしばらく反動でぺこぺこお辞儀を繰り返すが，その間に布の水が蒸発する。すると，気化熱として熱が奪われ頭の部分の温度が下がるので，エーテルの一部が液化（凝縮）して頭の部分の圧力（エーテルの蒸気圧）が下がり，ちょうどストローで水を吸うようにお尻からエーテルが上ってくる。このため，頭がだんだん重くなって鳥は前に傾き始めるが，頭の部分で液化したエーテルはくちばしに貯まるようになっているのでさらに前に傾きやがてコップの中に頭を突っ込む。こうして，同じ運動を繰り返す。

この鳥が何によって動いているのか考えてみよう。この系全体を見たとき，不可逆的に変化しているものがあることに気づく。それは，コップの水である。鳥の中のエーテルは気化と液化（凝縮）を繰り返している。エーテルの液化を引き起こすのはくちばしからの水の蒸発であり，これに伴ってコップの水はどんどん減っていく。つまり，コップの中の液体の水が気体の水（水蒸気）になって広い空間に散らばるという，一方方向の（不可逆な）変化が起こっている。これは，より乱雑になる過程，すなわちエントロピー S が増加する過程である。ここで，エネルギー H の変化はないので，(2-2) 式より，自由エネルギー G が減少していることになる。自由エネルギーが減少する過程なので，自発的に起こるのである。

コップの水が平和鳥が「飲めない」ところまで減ったとき，この鳥は運動をやめる。

図2-7　平和鳥

*気化しやすい他の液体も用いられる。

エントロピーが増大するわけ

　熱力学第二法則（エントロピー増大の法則）は，身の回りであたりまえに起こる現象を熱力学の言葉にしたものに過ぎない。たとえば，コップの水に赤いインクを一滴垂らしたとしよう。これをかき混ぜることなく静かに放置しておいても，やがてインクはコップ全体に広がり均一な薄ピンクの溶液になるであろう。インクが局所的に存在する秩序だった状態から，全体に広がるという，より乱雑な状態へと変化したのである。すなわち，熱力学の言葉を使えば，エントロピーが増大したと表現される。

　このような現象は，系を構成する微小粒子が（何の意志も持たず）完全に無秩序な運動をしている結果起こることである。図2-8 (a)のように，壁で仕切られた二つの部屋を考えよう。左の部屋には気体分子○が，右の部屋には気体分子●がそれぞれ同数個ずつ入っている。ここで，仕切り壁に開けられた穴のふたを開けるとどうなるだろうか。分子はそれぞれ勝手気ままに動き回っているので，一定時間に穴を通過する粒子の数はいつも一定である。ふたを開けた瞬間は当然，左から右へ行く分子は○のみ，右から左へ行く分子は●のみであるが，やがて左へ行った●のうち右へ戻るものが出てくる。とはいえ，左から右へ行く粒子は初めのうちは確率的に○のほうが多い（図2-8 (b)）。こうして，左の部屋の○の割合はだんだん減少し，●の割合が増加してくる。そして左右の部屋に○と●の個数が同数ずつ存在するようになると，○と●が左から右へそして右から左へ同じ割合で行ったり来たりするようになって，見かけ上何の変化も起こらない状態となる（図2-8 (c)）。これが，系が均一となった状態である。

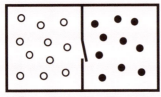

(a)

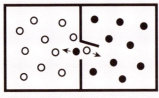

(b)

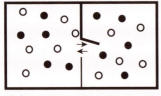

(c)

図2-8　気体分子の拡散
(a)気体分子○と気体分子●が同数個，2つの部屋に分かれて入っている。(b)仕切りの穴のふたを開ける。初めのうちは確率的に，左から右へ行くのは○が多く右から左へ行くのは●が多い。(c)やがて，左右の部屋の○と●の個数がそれぞれ同数になると，それ以上見かけの変化はなくなる。

コラム　マックスウェルの悪魔

　気体の温度とは，気体分子の平均速度のことである。速度が速いほど温度が高い。いま，図2-9のような箱の左右の部屋に同数個の気体分子があり同じ温度に保たれているとする。温度が同じということは，分子の平均速度が同じということであるが，分子の一個一個を見れば速度はさまざまで速いものも遅いものもある。さて壁の穴のところに，分子の速度を測定しながらふたを操作できる小さな"悪魔"がいたとしよう。私たちは彼に次の任務を命ずることができる。「ある速度以上の分子を左から右へ行かせ，その速度以下の分子は右から左へ行かせるよう，ふたの開け閉めをせよ」。この悪魔が忠実に命令を実行すると，やがて左の部屋には速度の遅い分子が，右の部屋には速度の速い分子が貯まってくる。このことは，左の部屋の温度が下がり，右の部屋の温度が上がることを意味する。つまり，この系のエントロピーが減少して"使い勝手の良い"状態になってくる・・・。

　これは，19世紀後半の物理学者マックスウェル Maxwell が提出した思考実験である。つまり彼は，こんな悪魔がいない限り，エントロピーが勝手に減少することはあり得ないことを示した。"マックスウェルの悪魔"は存在し得ないのである。さらに言えば，いくら科学技術が進歩しても，この悪魔の"ロボット"を作ることもできない。こうしたロボットに上の任務をさせようとすると，左右の部屋のエントロピー減少を埋め合わせるだけ，悪魔ロボット自身のエントロピーが増大してしまう。全体としてエントロピーは必ず増大する。つまり，自発的な変化は必ず"使い勝手の悪い"方向へ向かう。これが，熱力学第二法則の教えるところである。

　エネルギー問題を考えるとき，私たちはこのことを忘れてはならない。

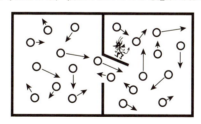

図2-9　マックスウェルの悪魔
悪魔は積極的に仕事をするわけではなく，ただ分子の速さを見分けて扉を開け閉めするだけである。しかしこのことによって，エネルギーは使い勝手のよい状態になってくる。こんなありがたい悪魔は存在するだろうか？

ノート 2 燃素（フロギストン）と熱素（カロリック）

ものが燃えるとなぜ熱が出るのか？ この素朴な問いに対する答えを，人々は古くから求め続けてきた。18世紀には"燃素（フロギストン）説"という説が多くの化学者に信じられるようになった。この説によると，燃焼とは可燃物質から"燃素"が逃げていく過程である。すなわち，燃素は物質であり，木炭などよく燃えるものは燃素を多く含んでいると考えられた。このように考えると，ものが燃えたあと灰という，より軽いものが残ることが説明できる。ところが，金属は木などと同様，熱を出しながら"燃える"が，"燃焼"の後に残るいわゆる金属灰は元の金属より重くなってしまう。金属の燃焼とは，単体の金属が酸素と化合して金属酸化物になる過程なので，今から見ればこれは当然のことである。こうした現象に対して，燃素説では「マイナスの燃素」を仮定して辻褄をあわせようとした。この例のように，燃素説に合わない現象が見つかるたびにその矛盾を補うため新しい仮定が付け加えられ，やがてこの説はまったく一貫性を欠くものとなってしまった。

フランス人化学者ラボアジエ Ravoisier は燃素説を否定し，代わりに"熱素（カロリック）"というもので化学反応に伴う熱の出入りを説明しようとした。彼は，熱素を元素の一つと考え，たとえば，水蒸気は水と熱素から成る物質であるとした。彼が1789年に発表した「単体表」には，酸素や窒素などと並んで熱素が掲げられている。ちなみにこの年は，フランス革命が起こった年であった。この革命の混乱の中，彼はかつて王室の徴税にかかわっていたことを糾弾され，結局その数年後，断頭台で50歳の生涯を閉じることになる。

ラボアジエの化学史上の貢献は数多いが，この熱素説はエネルギーを物質と同一視している点で誤ったものであった。しかし，燃素説と同様，熱力学の基礎を築いたという意味で大いに評価できる。

ラボアジエ（1743〜1794）

3 化石資源

　第1章で見たように，18世紀に起こった産業革命は私たち人類の生活を一変させた。蒸気機関が発明され，そのおかげで大型機械を用いて生活物資を大量生産できるようになった。また，こうして作られた物資を蒸気機関車や蒸気船で大量輸送することが可能になった。その燃料として石炭が使われた。それまでの，太陽を起源とする自然エネルギーだけに頼った生活は，石炭という地下資源をエネルギー源とする生活に置き換えられたのである。こうして人類は，エネルギー大量消費の時代に突入した。19世紀の終わりには内燃機関が発明され，その燃料として石油が使われるようになったため，化石資源の主役は石炭から石油に交代する。そして，20世紀に入ると，石油を原料としてプラスチック，合成繊維をはじめとするさまざまな有用な物質が作られるようになり，特に第2次大戦以降，石油化学工業は飛躍的な展開を見せた。現代社会において，石油は燃料（すなわちエネルギー源）として，また有用な化成品の原料として，なくてはならないものとなっている。さらに，天然ガスは，近年，燃料としての重要性を増しつつある。

　この章では，天然ガス，石油，石炭などの化石資源*がどのように得られ，どのように使われているのかを見てみよう。

3-1 生活の中の化石資源

　私たちの生活の中で，化石資源はどんなところに見られるだろうか。まず，

---

*　天然ガス，石油，石炭はまとめて「化石燃料」と呼ばれることが多い。序章でも述べたが，本書ではこれらが燃料以外にも重要な役割を担っていることに注目し，より広い意味をこめた「化石資源」という語句を使う。

台所でガスをつけて湯を沸かしたとしよう。大部分の地域で家庭に供給されている都市ガスは，メタンを主成分とする**天然ガス**である。また，ガスの配管がない家庭では，"プロパンガス"と言われるボンベ詰めのガスを使う。これは，プロパンなどから成る**石油ガス**である。これら気体の燃料は，いずれも地下から産出する化石資源である。一方，冬であれば石油ストーブを使うであろう。これには灯油という液体燃料を用いる。ほかにも，乗用車の燃料であるガソリン，バスやトラックなど大型車の燃料である軽油，船舶の燃料に使われる重油など，液体の燃料は多く使われている。これら液体燃料はすべて化石資源である**石油**から得られる。また，固体燃料である**石炭**は現在では主に工場や火力発電所で使われている。石炭もやはり化石資源である。このように，燃料の多くが化石資源であることが分かる。化石資源は燃焼すると多くのエネルギーが発生するので，これを私たちは燃料として使っているのである（第2章2-3節，p. 32参照）。

一方，化石資源は，燃料以外の使い道も重要である。現代の生活になくてはならない物質の多くが化石資源を原料として作られている。ざっと見回しただけでも，プラスチック，合成繊維，合成洗剤，合成染料，合成ゴムなど，数多くのものを見つけることができる。さらに，医薬品や化粧品なども，化石資源から作られるものが多い。

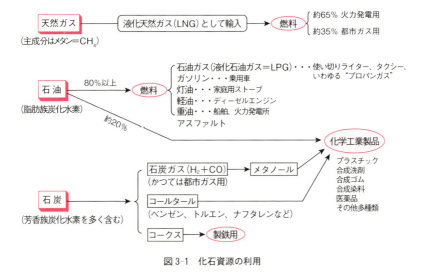

図3-1　化石資源の利用

3 化石資源 **43**

以上のように，化石資源はエネルギー源（燃料）として，また生活に有用な物質の原料として私たちの生活に必要不可欠である。まさに，現代社会の基盤を支える物質である。

表 3-1 主なプラスチックとその用途 [†]

名称（略号）	構造式	特徴など	主な用途
高密度ポリエチレン（HDPE）	$-(CH_2-CH_2)_n-$	硬い。熱湯でもとけない。	スーパーのレジ袋，バケツ，灯油用ポリ容器
ポリ塩化ビニル（塩ビ）（PVC）	$-(CH_2-CHCl)_n-$	用途が広く生産量が多い。	いわゆるビニール製品，パイプ，雨樋，電線の被覆，床材，カード類
低密度ポリエチレン（LDPE）	$-(CH_2-CH_2)_n-$	柔らかい。透明。熱湯でとける。	ポリのごみ袋，農業用シート
ポリプロピレン（PP）	$-(CH_2-CH(CH_3))_n-$	生産量多い。繰り返しの折り曲げに強い	収納容器，食器，蝶つがい付き容器（筆箱など）
ポリスチレン（PS）	$-(CH_2-CH(C_6H_5))_n-$	透明。硬い。	発泡スチロール（梱包材，トレー，カップめん容器など）
ポリエチレンテレフタラート（PET）	$H-(O(CH_2)_2O-CO-C_6H_4-CO)_n-OH$	容器にしたとき気体が透過しにくい。耐熱性。	ペットボトル，食品用トレイ，ポリエステル繊維
ポリメタクリル酸メチル（アクリル樹脂）	$-(CH_2-C(CH_3)(COOCH_3))_n-$	透明度が非常に高い。	水槽の板，（眼鏡などの）レンズ，建物や乗り物の窓材
ポリアクリロニトリル（アクリル繊維）	$-(CH_2-CH(CN))_n-$	炭素繊維の原料となる。	合成の毛布・毛糸
ポリ塩化ビニリデン	$-(CH_2-CCl_2)_n-$	耐薬品性。難燃性。	食品用ラップ
ポリテトラフルオロエチレン（フッ素樹脂＝テフロン®）	$-(CF_2-CF_2)_n-$	耐熱性。耐薬品性。水をはじく。	フライパンなどのコーティング，人工臓器の部品

[†] 第6章，表 6-2（p. 116）を参照のこと。

プラスチック　　　　　　　石油から作られるものの中でもとりわけ重要なのが**プ**
ラスチックである。プラスチックの中で，私たちになじ
みの深いものを表3-1にまとめた。プラスチックが現代生活において，実にさ
まざまな役目を担っていることが分かる。

プラスチックはどうやって作られるか

　プラスチックは，数千〜数万（場合によっては数十万）個の原子からなり，分子量が数十万〜数百万という大きな分子の化合物である。このような大きな分子の化合物を高分子化合物という。ただし，その構造は単量体（モノマー）と言われる小さなユニットの繰り返しであり，それほど複雑なものではない。小さな分子である単量体が次から次へと数千〜数万個つながって重合体（ポリマー）[*1]，すなわち高分子化合物ができあがる。このように単量体がつながって重合体になる化学反応を重合という。表3-1の構造式はそれぞれ，各ユニットが

n個つながってプラスチックになっていることを表す。nは数千〜数万という大きな数である。単量体の多くは，石油などの化石資源から得られる。したがって，ほとんどのプラスチックは化石資源から作られると表現できる。
　構造が一番単純なプラスチックは，単量体であるエチレン（$CH_2=CH_2$）が重合してできたポリエチレンである[*2]。この重合では（3-1）式のように，エチレン分子が二重結合を開きながら順々につながっていく。このような様式の重合は，付加重合と言われる。

$$n \;\; \underset{R''}{\overset{R}{\underset{|}{\overset{|}{C}}}} = \underset{R'''}{\overset{R'}{\underset{|}{\overset{|}{C}}}} \xrightarrow{\text{付加重合}} \left(\underset{R''}{\overset{R}{\underset{|}{\overset{|}{C}}}} - \underset{R'''}{\overset{R'}{\underset{|}{\overset{|}{C}}}} \right)_n \qquad (3\text{-}1)$$

R，R'，R''，R''' は H や CH_3 などの置換基を表す。
エチレン→ポリエチレンでは，R=R'=R''=R'''=H である。

　もう一つ別の様式は，縮重合と言われるもので，脱水縮合という化学反応によって単量体がつながっていく。表3-1では，ポリエチレンテレフタラートが縮重合によってできたプラスチックであり，そのほかは付加重合によってできている。

*1 「ポリ（poly）」という接頭語は，「多くの」という意味を示す。
*2 世界で初めて石油から作られたプラスチックはポリエチレン（低密度ポリエチレン）である。1930年代のことである。

3-2 化石資源はどうやってできたか

　化石資源，すなわち石炭，石油，天然ガスの成因は，完全には分かっていない。石炭は陸上の樹木が地下に埋もれてできたと考えられている。一方，石油は，海や湖に沈んだプランクトンや藻，その他の生物の死骸が起源であるとされる。いずれにせよ，約2〜4億年前の太古に地球上に生育していた生物が何らかの原因で地下に埋もれ，長い年月をかけて変化した結果できたものである

ことはほぼ間違いない*1。このことから，これら地下資源を比喩的に「化石資源」(あるいは，燃料としての利用に着目したときは「化石燃料」)と呼んでいる。ただし，本当の意味での「化石」ではない。

このように，これら化石資源は太古の生物(主に植物)が変化したものであるという点に注目しよう。植物は太陽からの光エネルギーで生長するものであるし，動物はそれを食べて成長するものであるから，化石資源は太古の太陽のエネルギーを蓄えている貯蔵庫であるといえる。つまりわたしたちは，数億年前の太陽のエネルギーを今使っているのである。

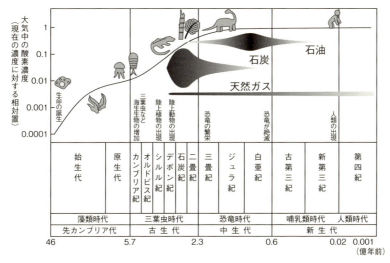

図 3-2　化石資源の形成時期
(鈴木庸一，真下清，山口達明，『有機資源化学』，(三共出版))

3-3　石　　油

石油とは　　地下から掘り出されたままの石油，つまり**原油**は真っ黒な粘り気のある液体である。これは，少量の泥や塩分も含むが，大部分を占めるのは**アルカン***2 と呼ばれる一群の化合物である。アルカン(**パラフ**

---

*1　化石資源は生物から生成したという"有機起源説"に対して，生物と関係なく生成したという"無機起源説"もある。しかし，このような説は一般には受け入れられていない。
*2　原油の成分は，採れる場所によって異なる。たとえば，サウジアラビアの主要原油である"アラビアン・ライト"は比重の小さな成分を比較的多く含む。

ィンともいう）とは，**脂肪族炭化水素**のうち一般式 C_nH_{2n+2} で表される化合物の総称である[*1]。一つの例として $n=5$ のペンタン（ガソリンの成分の一つ）の構造を図3-3に示した。一般に脂肪族炭化水素は炭素数が多いものほど沸点が高く，原油の各成分はこうした沸点の差を利用して**蒸留**によって分けられる。石油コンビナート（コラム p. 48 参照）で銀色に輝く塔を見ることができるが，これは精密蒸留塔（**精留塔**）と呼ばれる原油の蒸留装置である。各留分の沸点，炭素数，用途などを表3-2にまとめた。沸点の低い順（すなわち，炭素数の少ない順）に並べると，**揮発油**（＝ガソリン）→**灯油**→**軽油**→**重油**，となる。原油の蒸留では，最後に減圧蒸留[*2]を行って高沸点成分を留出させるが，それでも留出しない黒色のきわめて粘稠な物質が残る。これが，**アスファルト**である[*3]。アスファルトは分子量の大きな種々の化合物の混合物である。アスファルトに含まれる化合物は炭化水素のほか，酸素原子，窒素原子，硫黄原子を持つ芳香族化合物[*4]など，多種多様である。

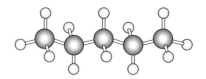

図3-3 ペンタン（C_5H_{12}）の構造
骨格模型といわれる分子模型で示した。
●；炭素原子（C），○；水素原子（H）

こうして得られた各成分は，そのままそれぞれの用途に使われるだけでなく，違うものに変化させて使われることもある。炭素数の多い炭化水素を含む成分（重質油）は使い道が少ないので，接触分解（クラッキング）という操作で分子を小さく分解し，需要の多いガソリン（炭素数 $n=4\sim12$ の炭化水素）にすることも行われる。原油の精製を，図3-4に流れ図で示した。

[*1] アルカン（alkane）とは，炭素—炭素間の結合がすべて単結合でできている炭化水素のことをいう。炭素—炭素二重結合を含むものはアルケン（alkene），三重結合を含むものはアルキン（alkyne）という。
[*2] 圧力を下げて蒸留すること。どんな物質でも圧力が低いほど沸点が低くなることを利用したもので，大気圧では沸点が高すぎる物質の蒸留に適用される。
[*3] 天然に産するアスファルトもある。これは，地表にしみ出た原油が，長い年月の間に液体成分を揮発によって失い，さらに酸化などの化学反応を受けてできたものである。
[*4] 芳香環を有する化合物のこと。芳香環については，3-6節，p.57参照。

表 3-2　原油の留分とその用途

名　称	炭素数(C_nH_{2n+2} の n)	沸点(℃)	色	用　途
ガス留分	1～5	<40	—	(石油ガス)[†]
揮発油(=ガソリン)	4～12	30～200	無色	乗用車，航空機用燃料
灯油	10～18	150～280	無色～淡黄色	石油ストーブ用燃料
軽油	18～23	250～350	無色～茶褐色	ディーゼルエンジン用燃料
重油	18 以上	350～	褐色～黒褐色	船舶用燃料
(アスファルト)		蒸留残渣	黒色	道路舗装用，防水剤

[†] 3-4 節，p. 51 参照。

　表 3-2 から分かるとおり，分けられた各成分はいずれも，現代の生活に欠かせない重要な物質である。さらに，それぞれの成分は，燃料としてだけでなく，プラスチックなどの化成品の原料であることに注目しよう。

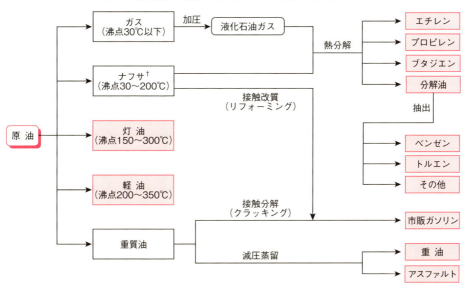

図 3-4　原油の精製。

[†] 「粗製ガソリン」と呼ばれることもある。
大野惇吉著『大学生の有機化学』(三共出版)より

―― コラム　油の入れ間違いに注意！ ――

　冬季，家庭用灯油ストーブの灯油をガソリンスタンドで購入する人も多い。このとき，店員がポリタンクに間違いなく灯油を入れてくれたことを確認しよう。もし，誤ってガソリンを入れてしまうとおおごとである。灯油燃焼用に設計されたストーブで，沸点がより低くより燃えやすいガソリンを燃やそうとすると，爆発的な燃焼が起こってしまう。そうなると，そばにいる人が火傷を負いかねず，火災が発生することさえある。

―― コラム　石油コンビナート ――

　海外からタンカー（原油タンカー）で運ばれてきた原油は，陸揚げされた地点の精油所で蒸留によって精製される。得られた各留分は燃料として出荷されると同時に，化成品の原料としてパイプラインを通して隣接の工場へ送られる。タンクローリーなどに積み替えて運ぶより，ずっと手間が省けるからである。このように，原油の陸揚げ地では，精油所を中心に各種の化学工場群がパイプラインなどで緊密に結ばれ，ひとつにまとまった工場地帯を形作っている。これを，**石油コンビナート**（石油化学コンビナート）という。夜間，安全のために点灯されたプラント群を海側から眺めて楽しむ「工場夜景クルーズ」も盛んである。

　大規模なコンビナートは，鹿島（茨城県），千葉，川崎（神奈川県），四日市（三重県），水島（岡山県），大竹・岩国（広島県・山口県），周南（山口県）など，全国数カ所にある。

世界の油田　　世界の中で，石油の産出する場所（**油田**）はかたよっている。その地域は，中東（西アジア），極東ロシア，北アメリカ，中央アメリカ，などである（図3-5）。また，図3-5にはないが，東南アジアでも石油は産出する。石油の採れる国を**産油国**という。これに対して，わが国やヨーロッパ大陸諸国など，世界の先進国の多くでは石油が採れない。したがって，生活を維持するため産油国から石油を輸入し続けなければならない。逆に産油国の側から見れば石油はきわめて貴重な輸出品であり，自国を富ませる強力な手段となっている。

　1960年，いくつかの産油国によって**石油輸出国機構（OPEC）**が設立された。

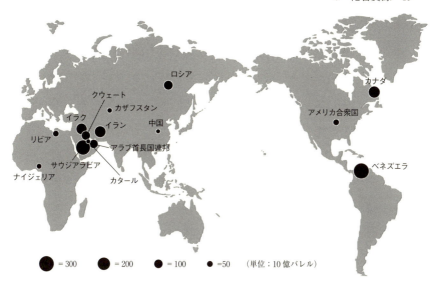

図3-5 石油のおもな埋蔵地と確認埋蔵量(2017)(表3-3参照)
地図上の黒丸の大きさはそれぞれの国における埋蔵量を表す。(実際の油田の位置と必ずしも一致していない。)

表3-3 国別に見た石油の確認埋蔵量(2017)

順位	国名	確認埋蔵量(10億バレル)	割合(%)
1	ベネズエラ	300.88	17.6
2	サウジアラビア	266.46	15.6
3	カナダ	171.51	10.0
4	イラン	158.40	9.3
5	イラク	153.00	9.0
6	ロシア	109.50	6.4
7	クウェート	101.50	5.9
8	アラブ首長国連邦	97.80	5.7
9	リビア	48.36	2.8
10	アメリカ合衆国	47.99	2.8
11	ナイジェリア	37.06	2.2
12	カザフスタン	30.00	1.8
13	中国	25.66	1.5
14	カタール	25.24	1.5
	世界計	1706.67	100.0

B.P. Statistical Review of World Energy (2017) より。
図3-5を参照のこと。

コラム　石油を量る単位＝バレル

　原油などの国際取引では，その量を表すのに**バレル**（barrel）という単位が使われる。これは文字通り，石油を樽（barrel）で量っていたことに由来する。本格的な石油の掘削は19世紀の半ばアメリカ・ペンシルバニア州で始まったが，このとき原油を精油所まで樽に詰めて運んでいた。その一樽ぶんの量がもとになって，1バレル（＝159リットル＝42ガロン）という単位ができたのである。

日本の油田

　わが国では，古くから秋田県，山形県，新潟県などで，ほんのわずかながら石油類が採れた。わが国における石油類使用の，おそらく最も古い証拠は，秋田県の槻木遺跡という縄文遺跡から見つかった土器である。これらの中に，当地で採れたアスファルトを用いてひびを修理したと見られるものがある。また日本書紀には，越の国（新潟県）の燃土燃水（＝燃える土と燃える水）を天智天皇に献上したという記録があるが，これらがアスファルトと石油を指すことは言うまでもない。江戸時代には，石油は草生水（くそうず），アスファルトは草生土（くそうど）と呼ばれていた＊。

　明治以降も上記の地域では新しい油田の掘削が進められ，これは第2次大戦後も国策として続けられた。この中で最大級のものは秋田県の八橋油田である。しかし，いずれも産出量はごくわずかであり，やがて海外からの石油に価格的に対抗できなくなったこともあって，これらの油田は短い期間稼働しただけで次々と閉山されていった。現在わが国では，石油はごく一部の油田で細々と採掘されているのみであり，国内全消費量の約0.3%をまかなっているに過ぎない（2015年現在。資源エネルギー庁『エネルギー白書2017』より）。

＊　上記，槻木遺跡のすぐ近くには「草生土」という地名がある。

　2020年現在，OPECには13カ国が加盟している[1]。さらに，アラブ地域の産油国（10カ国；2020年現在）は**アラブ石油輸出国機構（OAPEC）**を設立している[2]。これら両機構は，石油価格を安定させ産油国自身の利益を確保することを主な目的としている。

　現代社会になくてはならない石油がこのように特定の国にかたよってしか採

---

[1]　石油輸出国機構OPEC（Organization of the Petroleum Exporting Countries）の加盟国は，イラン，イラク，クウェート，サウジアラビア，アラブ首長国連邦（UAE），リビア，アルジェリア，ナイジェリア，赤道ギニア，ガボン，コンゴ共和国，アンゴラ，ベネズエラの13カ国。OPECは，消費国へ石油を効率的，経済的，安定的に供給することなども目的としてうたっている。

[2]　アラブ石油輸出国機構OAPEC（Organization of Arab Petroleum Exporting Countries）の加盟国は，アルジェリア，バーレーン，エジプト，イラク，クウェート，リビア，カタール，サウジアラビア，シリア，アラブ首長国連邦（UAE）の10カ国。なお，OAPECの加盟国はOPECの決議に従うことが協定に定められている。

れないということは，国際政治に大きな影響を与える。石油の利権を巡る争い
は，武力行使を伴う国際紛争に発展することすらある。しかし，石油は人類共
通の貴重な財産であり，これを特定の国の利益獲得のための外交手段とみなす
べきではない。世界には現在，石油の埋蔵地として有望視されている地域がい
くつかある。これらの地域での新しい油田の開発に当たっても，国際協力が望
まれる。

3-4 石油ガス

　石油の成分であるアルカン（＝パラフィン；C_nH_{2n+2}）（p. 45 参照）のうち，
炭素数 n が1〜4個のものは大気圧のもとでは気体である。これらの成分は地
中の高圧状態では原油に溶け込んでいるが，油田で採掘され地上に出てくると
気体（ガス）になる。このうち，炭素数が3個のプロパン（C_3H_8）や4個の
ブタン（C_4H_{10}）を主成分とするガスを**石油ガス**という[1]。

　気体は一般に，冷却し加圧することによって液体となるが，石油ガスは沸点
が比較的高く，室温でも少しの加圧で簡単に液化する。液化すると体積が約
250分の1になるので，運搬や保存に便利である。そのため，石油ガスは**液化
石油ガス**（Liquefied Petroleum Gas＝**LPG**）として使われることが多い。身
近なところでは，都市ガスの供給のない家庭の燃料やスプレーの噴霧剤[2] と
して利用されている。またわが国では，多くのタクシーがガソリンの代わりに
LPG を燃料としている。ブタンの比率が大きいものはさらに液化しやすく，
卓上コンロのカセットボンベや使い切りライターの燃料として使われている。

3-5 天然ガス

　炭素数が1個のアルカンであるメタン（CH_4）を主成分とする気体状の地下
資源は，**天然ガス**と言われる。天然ガスは，油田で石油と一緒に産出するほか，
炭田から採れることもあるし，石油や石炭の鉱床のないところでも産出する。

---

[1]　天然ガスとともに採れるものもある。

[2]　スプレーの噴霧剤としては，かつて**フロン**という気体が一般に使われていた。しかし，フロン
　　はオゾン層破壊の原因物質であることが分かって，今では全面使用禁止となっている。フロンは不
　　燃性であるが，LPG は可燃性であるので現在のスプレーは使用に際して火気に注意する必要があ
　　る。

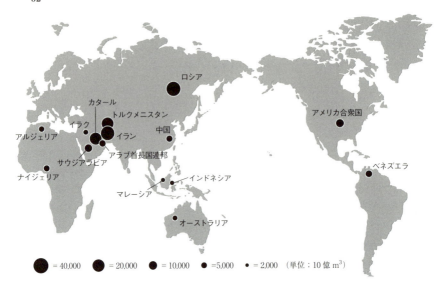

図 3-6 天然ガスのおもな埋蔵地と確認埋蔵量(2017)(表 3-4 参照)
地図上の黒丸の大きさはそれぞれの国における埋蔵量を表す。(実際のガス田の位置と必ずしも一致していない。)

表 3-4 国別に見た天然ガスの確認埋蔵量(2017)

順位	国名	確認埋蔵量(10 億 m^3)[†]	割合(%)
1	ロシア	34,833	18.1
2	イラン	33,215	17.2
3	カタール	24,915	12.9
4	トルクメニスタン	19,486	10.1
5	アメリカ合衆国	8,737	4.5
6	サウジアラビア	8,035	4.2
7	ベネズエラ	6,371	3.3
8	アラブ首長国連邦	5,939	3.1
9	中国	5,479	2.8
10	ナイジェリア	5,201	2.7
11	アルジェリア	4,335	2.2
12	オーストラリア	3,634	1.9
13	イラク	3,509	1.8
14	インドネシア	2,909	1.5
15	マレーシア	2,737	1.4
	世界計	193,452	100.0

B.P. Statistical Review of World Energy (2017) より。
[†] 15℃,1 気圧に換算。
図 3-6 を参照のこと。

図3-6に見られるように，天然ガスの採れるところ（**天然ガス田**，または簡単に**ガス田**）は世界中の，油田のない地域にも分布していることに注目しよう。わが国でも，北海道，新潟県，千葉県，などで産出するが，その供給量の総計は，国内消費量の約2.5%に過ぎない（2015年度）。

　天然ガスも石油ガスと同様，加圧下で冷却すれば液体となり体積は約1/600になる。ただし，主成分であるメタンは，いくら高圧の下にあっても−82℃以上では液体にはならず気体のままである*。そのため，天然ガスを液化し**液化天然ガス**（Liquefied Natural Gas＝**LNG**）にするには，この温度より低い極低温下で加圧する必要がある。液体の状態で保存したり運搬したりするためには，このような極低温下での加圧状態を保たねばならない。このとき，引火性，爆発性の強いメタンが漏れるようなことがあってはならない。

　このような高度な技術が必要であるため，天然ガスの液化が本格的に行われるようになったのは1960年代になってからである。それまでは，油田で産出する天然ガスはその場で焼却処分されていた。現在では，産地で液化されたLNGは専用のタンカーで海上輸送され消費地に運ばれる。わが国でもこのようなタンカーを多数用いてLNGを輸入している。運ばれてきたLNGはわが国の港で再び気体に戻されたのち各地に送られ，約65%が火力発電用として，約35%が都市ガス用として使われる。

LNGタンカー（公益財団法人　日本海事広報協会・提供）

＊　大気圧（1気圧）のもとでのメタンの沸点は，−162℃である。

54

石油に比べて天然ガスの有利な点は，燃焼したときに発生する重量当たりの熱エネルギー（熱量）が大きく，放出される二酸化炭素（CO_2）の量が少ないことである。このことを，以下の熱化学方程式で見てみよう。（3-2）式はメタン（炭素数 $n=1$）の燃焼の熱化学方程式，（3-3）式は石油に含まれるオクタン（炭素数 $n=8$）（ガソリンの成分）の燃焼の熱化学方程式である[1]。

$$CH_4(液)+2O_2 = CO_2+2H_2O(液)+891\,kJ \tag{3-2}$$

$$C_8H_{18}(液)+\frac{25}{2}O_2 = 8CO_2+9H_2O(液)+5501\,kJ \tag{3-3}$$

（3-2）式と（3-3）式の右辺の数値（kJ）は，それぞれメタンとオクタンの1モルを燃焼したとき発生する熱エネルギーの量である。メタンとオクタンの分子量はそれぞれ，16，114であり，これらの数値を用いると，1グラムの燃焼で放出される熱エネルギーは，メタンで55.7 kJ，オクタンで48.3 kJと計算される[2]。つまり，同じ重量当たり，メタンのほうが多くの熱エネルギーを出すことが分かる。さらにこの式から，同じ熱エネルギーを得ようとするとき，メタンの燃焼では二酸化炭素の発生量がオクタンの場合の77%であると計算される。ここでは炭素数が8のオクタンとの比較を例としてあげたが，炭化水素の炭素数が多くなるほどメタンとの差は大きくなる。

シェールガス　2,000 mを超える深い地下にある頁岩（シェール；shale）の層には天然ガス（メタン）が閉じ込められている。これは**シェールガス**と呼ばれ[3]，全世界の総埋蔵量は従来の天然ガス確認埋蔵量の2倍にもなるという推定もある。頁岩は，海や湖の底，または大河の河口に沈降した泥が固まってできた岩である。固まるときに取り込まれたプランクトンや藻類の死骸が長い年月をかけてメタンに変化したものと考えられている。

これを採掘するには，パイプで2,000 mの深さまで垂直に掘り進み，シェール層に到達したら向きを変えて層に沿ってパイプを水平方向に1,000～2,000 mほど進めていく。そして，シェール層に高圧の水を注入して岩に亀裂を作り，その亀裂を通してパイプに逆流してくるシェールガス（メタン）を吸

---

[1]　燃焼によって熱が発生する仕組みについては，第2章2-3節，p. 32参照のこと。

[2]　$891÷16=55.7$，　$5501÷114=48.3$。

[3]　石油に変化して閉じ込められている成分もあり，これは**シェールオイル**と呼ばれる。これも，シェールガス同様，貴重な資源として採掘されている。

い上げる。このように，シェールガス採掘には高度な技術が要求される。2006年以降，その採掘技術が急激に発達した。2008 年には世界のいくつかの国で商業ベースでの採掘が始まり，2010 年には世界の天然ガス生産量の 20% 近くをシェールガスが占めるに至っている。このように，シェールガスの採掘開始は，世界の一次エネルギー需給構造に明らかな変化をもたらしたので「シェール革命」と呼ばれることもある。

わが国でもシェールガスの探索が行われているが，今のところ採算に合う埋蔵地は見つかっていない。

メタンハイドレート　　もう一つ，ふつうの天然ガスと異なるかたちで存在するメタンが見つかっている。それは，**メタンハイドレート**（methane hydrate; メタンの水和物という意味）と呼ばれるものである。メタン分子が数個の水分子によって取り囲まれた包接化合物であり，メタンが氷の中に閉じこめられてシャーベット状になっている。火を付けると燃えるので，「燃える氷」と呼ばれることもある。ある高圧と低温の条件下で存在が可能で，これまでシベリア凍土の地下や大陸棚の海底の地下に豊富に存在していることが明らかになってきた。日本列島の近海，すなわちわが国の排他的経済水域にも存在することが分かっており，資源の乏しいわが国にとってその開発は重要である。ただし，これは天然ガスや石油と違って，パイプを突っ込んだだけで勝手に噴き出すということはない。現在，埋蔵地を確定する作業とともに，効率よく掘削する方法を探すための実験が行われている。

3-6 石　炭

石炭とは　　石炭は，人類が最初に燃料として使い始めた化石資源である（p17 参照）。まっ黒な固い固まりとして地下から掘り出される。通常の**炭田**では，石炭の鉱脈に沿って細い炭坑が掘削される。石炭を求めてどんどん掘り進められるので，炭坑はいくつにも枝分かれし 1,000 m もの深さに達するところもある。一方，石炭が比較的浅いところに埋もれているところもまれにあり，このような炭田では表土をはぎ取るようなかたちで地上から直接掘る。このような採掘法を**露天掘り**という。図 3–7 に示したように，炭田は世界の各地に分布している。

石炭の採掘
釧路炭田太平洋炭礦の坑道で採炭する夫婦（1927（昭和2）年ごろ）釧路市編，『釧路炭田その軌跡』

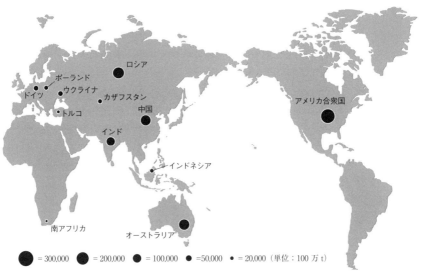

図3-7　石炭のおもな埋蔵地と確認埋蔵量（2017）（表3-5参照）
地図上の黒丸の大きさはそれぞれの国における埋蔵量を表す。(実際の炭田の位置と必ずしも一致していない。)

　石油の主成分が脂肪族炭化水素であるのに対し，石炭は**芳香族炭化水素**を多く含む。芳香族とは，ベンゼン環など**芳香環**＊と呼ばれる構造を有する化合物のことをいう。石炭は，そのままで燃料として用いられることもあるが，空気を遮断して高温で加熱（**乾留**という）することもある。この操作によって，石炭から，気体成分，液体成分，固体成分が得られる。気体成分は，**石炭ガス**と

＊　6個の炭素原子が環状に並んでできた正六角形の構造。化学式ではしばしば"亀の甲"の形で書かれる。表3-6を参照のこと。芳香環を有する化合物（芳香族化合物）は，いずれも独特の匂いを放つ。

3 化石資源 57

表 3-5 国別に見た石炭の確認埋蔵量 (2017)

順位	国名	確認埋蔵量 (100万 t)	割合 (%)
1	アメリカ合衆国	250,916	24.2
2	ロシア	160,364	15.5
3	オーストラリア	144,818	14.0
4	中国	138,819	13.4
5	インド	97,728	9.4
6	ドイツ	36,108	3.5
7	ウクライナ	34,375	3.3
8	ポーランド	25,811	2.5
9	カザフスタン	25,605	2.5
10	インドネシア	22,598	2.2
11	トルコ	11,353	1.1
12	南アフリカ	9,893	1.0
	世界計	1,035,012	100.0

B.P. Statistical Review of World Energy (2017) より。
図 3-7 を参照のこと。

呼ばれ，主に水素（H_2），一酸化炭素（CO），メタン（CH_4）から成る。液体成分は，**コールタール**と呼ばれる粘稠な液体である。そして，これら成分を追い出した残りの固体は，**コークス**というきわめて固いかたまりである。

　石炭ガスは，かつて都市ガスとして一般家庭に供給されていた。しかし，成分の一つである一酸化炭素がきわめて有毒であるなどの理由により，液化天然ガス（LNG）が輸入されるようになってからは天然ガスが代わって使われている。現在は，石炭ガスの成分である H_2 と CO は（3-4）式のようにメタノ

表 3-6　コールタールに含まれる主な成分
（芳香族化合物）とその用途

名　称	構　造　式	主な用途
ベンゼン		溶剤[†]
トルエン	CH_3	溶剤
フェノール（石炭酸）	OH	消毒剤
ナフタレン		防虫剤

[†] 発がん性があるので，現在では使用されていない。

58

── コラム　ガスの臭い ──

かつての都市ガスに含まれていた水素（H_2）や一酸化炭素（CO），および現在の都市ガスの成分である天然ガス，さらにガス管の配給のない家庭で用いられる石油ガスの成分であるプロパンやブタン（p. 51 参照），これらはすべて無色無臭の気体である。つまり，家庭用のガスは臭わないはずである。しかし，私たちは "ガスの臭い" を知っている。この臭いとは，いったい何だろう。

これらのガスには，ガス漏れを素早く感知できるようにするため，臭いを持つ物質がわざと混ぜてあるのである。このような物質の条件としては，微量で強い臭いを放つこと，その臭いが日常生活で馴染みのない独特のものであること，などがあげられる。このような条件を満たす物質として，チオール（メルカプタン）という硫黄化合物の一種が選ばれた。ガスの臭い付けとして常にこの物質が使われるので，家庭で用いられるガスはどのような種類のものも同じ "臭い" がするのである。ちなみに，スカンクのおならの臭いもチオールの一種によるものである。

日本の炭田

かつてわが国でも石炭は産出し，北海道，茨城県，福島県，山口県，福岡県，長崎県，などに炭田があった（図 3-8）。すでに 15 世紀には，現在の福岡県で「燃える石」として採掘されていたが，燃やしたときの臭いが敬遠されたらしく一般に広まることはなかった。

しかし，明治維新以降，全国各地で急速に炭田が開かれていった。世界の列強と肩を並べるためには，燃料（すなわちエネルギー源）として石炭はなくてはならないものだったからである。実際，各地の炭田の炭鉱から掘り出された石炭は，「黒いダイヤ」と呼ばれ，わが国の富国強兵政策を支える貴重な資源であった。明治から昭和の初期にかけて，わが国では石炭の増産は至上命令であり，炭坑で働く労働者は，ときには人間扱いされないほどの過酷な労働を強いられていた。第 2 次大戦後，炭鉱労働者の労働条件や待遇は大幅に改善された

が，それでも事故はたびたび発生した。中でも痛ましいのは，1963 年に三池炭田三川坑（福岡県大牟田市）で起こった炭塵爆発で，これは 458 名もの犠牲者を出す大惨事となった。この事故ではまた，800 人以上の労働者が一酸化炭素（CO）中毒にかかり，その後長期間にわたって後遺症に苦しむことになった。

わが国では，石炭は 1960 年代の初め頃までごく身近な存在であった。鉄道輸送の主力は蒸気機関車であったし，一般家庭でも，風呂を沸かしたり部屋を暖めたりするための燃料として石炭が主要な地位を占めていた。しかし，石油を燃料とする内燃機関が主流となり，一方でより安価な外国産石炭が輸入されるようになったため，1960 年代から炭鉱の閉山が相次いだ。そして 2002 年 1 月，北海道の太平洋炭鉱の閉山をもって日本の炭鉱は消滅した。

ール（CH_3OH）に変換される。メタノールは液体であり，運搬・保存に便利である。こうして得られたメタノールは多くの有用な物質を得るための工業原料になる。

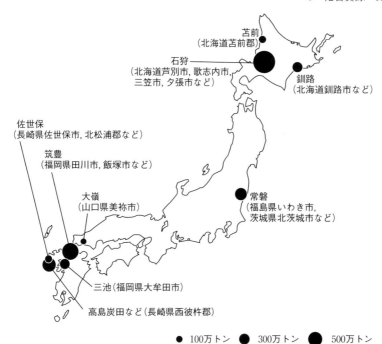

図 3-8　日本の炭田（石炭エネルギーセンター HP の資料をもとに作図）
現在採掘されているところはない。地名は炭田名。●の大きさは，操業時のおおよその年生産量を示す。

$$2H_2 + CO \longrightarrow CH_3OH \tag{3-4}$$

コールタールは，黒色の粘稠な液体であり，さまざまな化合物の混合物である。これらの成分は，蒸留によって分けられる。主な成分は，ベンゼン，トルエン，フェノール（石炭酸），ナフタレンなどの芳香族炭化水素である。これらの化合物の主な用途を表 3-6 に示したが，これらはこの用途のほか，医薬品，合成染料など，多種多様な物質の原料としても重要である（図 3-1 (p. 42) 参照）。

コークスは，単体の炭素（C）の固まりであると考えてよい。燃料として用いられることもあるが，製鉄に際して必要不可欠な物質である。製鉄とは，鉄鉱石*に含まれる酸化鉄を高温条件下で還元し単体の鉄を得る操作である。現代の製鉄は**高炉**という巨大装置を用いて行われるが，この中でコークスは，燃

＊　赤鉄鉱（Fe_2O_3），褐鉄鉱（$Fe_2O_3 \cdot nH_2O$），磁鉄鉱（Fe_3O_4）などの総称。

60

─── コラム　製鉄所の立地 ───

　上で見たように，製鉄には鉄鉱石と石炭が必要である。このうち，鉄鉱石はわが国ではほとんど産出せず海外から船で運んでくる必要がある。1901（明治34）年，日本初の本格的な官立製鉄所[*1, *2]が福岡県八幡村（現・北九州市八幡東区）に設立されたのは，ここが鉄鉱石を陸揚げできる港に適した海岸沿いにあり，しかもすぐ近くの筑豊炭田から石炭を容易に調達できる土地だったからである。その後も，海岸沿いで炭田に近いところ（室蘭など）に製鉄所が建設された。しかし，1960年代になると石炭も自給から輸入に頼るようになり，海外から船で運ばれてくるようになったため，製鉄所は消費地（大都市圏）に近い海岸沿い（君津（千葉県），名古屋，神戸，和歌山など）に作られるようになった。

*1　現在の日本製鉄八幡製鉄所の前身。
*2　日本初の製鉄所は，19世紀末に操業を開始した釜石製鉄所（現・日本製鉄釜石製鉄所（岩手県））である。

焼によって高温を生み出すとともに酸化鉄を単体の鉄へ還元するための還元剤として働く[*]。

3-7　石油と石炭の比較

　すでに述べたように石油が脂肪族炭化水素を主成分とする液体であるのに対し，石炭は芳香族炭化水素を多く含む固体である。芳香族炭化水素は空気中の燃焼では完全に燃えることなく，炭素の粉，すなわち煤（すす）を残す。したがって，石炭を燃やすと黒煙を生じる。蒸気機関を動力とする蒸気機関車や蒸気船が黒い煙を吐くのは，石炭を燃料としているためである。また，石炭や石油に含まれる不純物のうち多いのは硫黄分であり，これは燃焼したとき**硫黄酸化物**となって大気汚染の原因となる。石炭はこのような不純物を石油より多く含む。しかも，液体である石油は燃焼前に蒸留という手段で不純物を取り除くことができるのに対し，固体である石炭から前もって不純物を取り除くのは困難である。つまり，石油と比べ，石炭は燃焼に際して大気汚染を引き起こしや

───────────────

*　高炉中で起こっている反応をまとめると以下の化学反応式のようになる。この式は，3価の鉄（$Fe(III)$）が究極的にコークス（C）によって金属鉄（すなわち，0価の鉄）に還元されることを表している。実際はいくつかの反応が同時に起こっており，直接$Fe(III)$を還元しているのは高炉の中で発生する一酸化炭素（CO）である。

$$2Fe_2O_3 + 3C \rightarrow 2Fe + 3CO_2$$

脱硫

二酸化硫黄 SO_2，三酸化硫黄 SO_3 など，硫黄原子が酸素原子と結びついた分子の化合物を総称して硫黄酸化物という。まとめて SO_x と表し，これをそのまま読んでソックス（SOX）ということもある。これらの物質は，喘息の原因物質であることが知られている。また，空気中のソックスは降雨に溶けこんで酸性の雨，いわゆる**酸性雨**をもたらす。

したがって，これらの物質をなるべく大気中に出さないよう，硫黄分を取り除く工夫が行われている。これを**脱硫**という。脱硫には2通りの方法がある。一つは，燃焼前に燃料から硫黄分を取り除く方法である。適当な触媒存在下，水素を吹き込んで硫黄分を還元して取り除く。これは，硫黄分を多く含む重油に対して行われる。

もう一つは，大気中に放出される前の排煙から硫黄酸化物を取り除く方法（排煙脱硫）である。これは，石炭の燃焼の際に行われる。石灰石（炭酸カルシウム；$CaCO_3$）を混ぜ込んだ水に排煙をくぐらせると，含まれる硫黄酸化物は石膏（硫酸カルシウム二水和物；$CaSO_4 \cdot 2H_2O$）となって沈殿し排煙中から取り除かれる。得られた石膏は，そのまま耐火ボードなどの建材として用いられるなど，"硫黄資源" として多方面に利用される。

すい。

輸送という面で考えてみると，液体のほうが取り扱いが容易である。液体であればいったんパイプラインを敷設すればそれを通じて継続的な搬送が可能である。さらに，内燃機関では原理的に固体である石炭は使えない。

以上のように，石油は石炭に比べいくつか有利な点があり，これが現在，石油がよく使われている理由である。

3-8 可採年数

天然ガス，石油，石炭などの化石資源は地下に埋もれているものであり，やがて掘り尽くされる日が来る。ある年の終わりに確認されている可採埋蔵量を，その年1年間の生産量（＝掘削量；年間の使用量とほぼ等しい）で割った数字をその年の**可採年数**という。表3-7 に，2017年におけるそれぞれの化石資源の可採年数を示した。この数値は，このままのペースで掘り続けたら，それぞ

表3-7 化石資源の可採年数（2017年の値）

化石資源	確認可採埋蔵量	可採年数
天然ガス	193兆4,516 m^3	52.6年
石油（原油）	1兆7,067億バレル	50.2年
石炭	1兆350億t	134年

B.P. Statistical Review of World Energy（2017）より。

れの化石資源があと何年もつかという指標である。化石資源の年生産量は常に変化する一方，世界のあちこちで次々と新しい埋蔵地が発見されている。したがって，可採年数は年ごとに変動し，年がたつとかえって長くなることもある。とはいえ，化石資源はやがて掘り尽くされる有限な資源であることには変わりはない。

3-9 資源の乏しい日本

わが国は，資源の乏しい国である。全エネルギーの自給率（国内で得られるエネルギー源の割合）はわずか 7.4% しかない[1, 2]。石油だけを見てみると 0.3% という極端に低い自給率である。これは 1 年のうちのほぼ 1 日分に相当する量でしかなく，事実上すべての石油は海外からの輸入に頼っていると言ってよい。ここで，99.7% の輸入のうち，80% 以上を中東から輸入していること

図 3-9　石油の国家備蓄基地
（資源エネルギー庁 HP より）

---

[1] Internal Energy Agency, "Energy Balance of OECD Countries 2017"（資源エネルギー庁 HP より）による。
[2] 国内で使われる原子力発電用核燃料のほとんどは，ウラン鉱石を国内で加工して得られる。このことから，原子力発電で得られる電気エネルギーをわが国が自ら生み出したエネルギーと見なすことがある。この見方に立てばエネルギー自給率は若干高くなるが，原料のウラン鉱石はすべて輸入されたものである（第 4 章，4-6 節，p. 77 参照）。

とに注目しよう。現在，毎日，多くの石油タンカーが産油国から日本へ向けて石油（原油）を運び続けており，特に，中東地域とわが国の間には数十隻が毎日往復している。この間を往復するのに要する日数は約45日である。最大のタンカーは全長が400 m近くもある巨大な船で，一度に580,000キロリットル（18リットルの石油缶約3,200万個ぶん）の石油を運ぶことができる。このことは，わが国でいかに多くの石油が消費されているかという現れでもある。

しかし，万が一，海外で紛争が発生してタンカーの航行が不可能になる事態が発生するかも知れず，そのような予期せぬ事態に備えて，わが国では政府が中心となって各地に石油を備蓄している。備蓄量は約170日分である。主な備蓄基地を図3-9に示した。

石油タンカー

ノート3　天然から合成へ～洗剤，繊維，染料

　古くから使われてきた天然物由来の物質が，石油や石炭を原料とする物質に取って代わられる例は多い。洗剤もそのひとつである。今から約5000年前のローマ時代，神への生け贄として羊を焼いたときに偶然できたことから，人類は石けん（脂肪酸石けん）を知ったという説がある。羊の脂が熱い灰の上にしたたり落ちて石けんになったというのである。木の灰はアルカリであるので，石けんが天然の油脂をアルカリで加水分解（けん化という）することによって得られることを知っていれば，この説は納得できる。

　こうして古くから使われてきた石けんは今でも洗顔用などに多く使われているが，一方で石油から作られる合成洗剤も特に洗濯用や食器洗い用として広く使われている。合成洗剤は，第1次世界大戦のさなか，ドイツで発明された。当時，ドイツは全世界を相手に戦争をしていたので食糧が極端に不足し，石けんの原料である天然油脂を食用に回さざるを得なくなった。そのため，石けんの代用として，国内で産出する石炭を原料として洗剤を合成したのである。

　合成洗剤が本格的に使用されるようになったのは，第2次世界大戦以降，石油化学工業が起こってからのことである。合成洗剤は，水に溶けやすく，また**硬水***でも使える，などの利点を持っており，特に洗濯機での洗濯に適している。そのため，戦後，洗濯機の普及率が上昇するのに並行して，合成洗剤の生産量が増加してきた。

　世界で最初の合成繊維は1936年にアメリカのデュポン社の技師，カロザース Carothers によって発明された**ナイロン**である。2年後の発売に際しては，「石炭と水と空気から作られ，鋼鉄よりも強く，クモの糸よりも細く，絹のように美しい繊維」であると宣伝された。このキャッチコピーから分かるとおり，ナイロンは絹の代用として作られたのである。そして，破れやすい絹のストッキングは，丈夫なナイロン製にどんどん置き換えられていった。ナイロンは，結局美しさという点においては絹にかなわなかったが，今でも最も強い繊維として重用されている。その後，ポリエステル，アクリルなど，多くの合成繊維が石油などの化石資源から作られるようになった。しかし，その一方で天然繊維は今でも多く使われている。天然繊維は複雑な構造をした高分子化合物であり，人間の現在の技術では模倣できない長所を持っているからである。たとえば，木綿の吸水性，羊毛の保温性を完全に越える合成繊維は作られていない。

　これに対して，繊維を染める染料はどうだろうか。現在，天然染料は工芸染色などの特別な場合に使われるのみで，実用の染色に使われるのはすべて合成染料である。それは，染料の分子は比較的単純で合成が容易だからである。1856年，イギリスのパーキン Perkin は，マラリアの特効薬キニーネの合成を試みていたところ，たまたま紫色の物質を得た。彼はこれを染料として利用することを思いつき，モーベイン（モーブ）という名で商品化した。彼の意に反してきれいな着色物質がなぜできてしまったのかにつ

---

　*　マグネシウムイオン（Mg^{2+}）やカルシウムイオン（Ca^{2+}）を多く含む水のこと。これらの金属イオンは石けん分子と強く結びついて不溶性の金属石けん（石けんカス）を作る。欧米の水道水は硬水であるので，洗濯機には合成洗剤を使う必要がある。わが国の水道水はこれらのイオンの少ない**軟水**であり，石けんを使っても問題はない。

いては諸説あるが，マラリアの特効薬から染料へと着眼点を切り替えることができたのは，このとき19歳であったという，彼の若さと無縁ではないだろう*1。いずれにせよ，これが世界初の合成染料である。さらに1880年には，ドイツのバイヤー Bayer が藍の染料であるインジゴを石炭から合成することに成功した。現在ではインジゴだけでなく，茜の染料であるアリザリンや，その他天然に産するものとまったく同じ染料を石炭，石油などの化石資源から合成することができる。さらに現在では，天然染料を越えた性能を持つ新しい合成染料が化石資源を原料として次々と合成されている。こうして，天然染料は，実用染色の世界から完全に駆逐されてしまった。

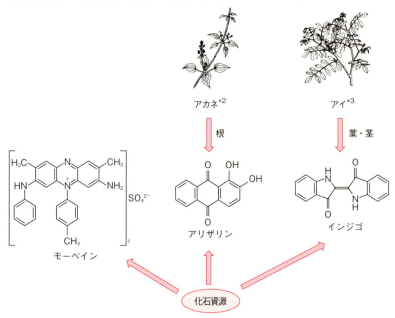

*1　パーキンはこのモーベインで大儲けし，30歳台半ばにしてイギリスで一番の大富豪になった。彼はその財産をもとに，残りの人生を有機化学の研究に捧げた。
*2　（財）日本色彩研究所編，『色名事典』，日本色研事業（1973）。
*3　化学大辞典編集委員会編，『化学大辞典』，共立出版（1963）。

電気エネルギー

　現代の私たちの生活は，電気エネルギーの恩恵なしには成り立たない。それがどれほど重要かは，"電気"というものを知らなかった時代（たとえば江戸時代）の生活を想像して現代の生活と比べてみるとよい。今は，家のあちこちにあるコンセントにプラグを差し込むだけで，明るくしたり，熱くしたり，涼しくしたり，動かしたり，画像を出したり，音を出したり，といった実にさまざまな仕事をさせることができる。昔の人たちにとって，このようなことはまさに魔法であろう。現代に生きる私たちは，電気エネルギーのありがたさに感謝せざるを得ない。

　この章では，現代生活に欠かすことのできない電気エネルギーを，さまざまな角度から眺めてみよう。

4-1　現代生活と電気エネルギー

　電気エネルギーは，どんなところでどんなふうに働いているだろうか。

　家庭の中を見てみると，電灯で部屋を明るくしたり，電気ポットや電子レンジで水や食品を加熱したり，モーターを動かして掃除や洗濯をしたりなど，さまざまな仕事に電気エネルギーが使われていることが分かる。さらに，テレビ，ラジオ，パソコンなどの情報関連機器や，電気ストーブ，エアコンなど部屋を快適な環境に保つ装置など，家庭内で電気エネルギーを利用する装置，すなわち家電製品の種類は実に多種多様である。

　ふだん持ち歩くものにも，電気エネルギーを利用しているものは数多い。スマートフォン，携帯電話，タブレット型端末，デジタルカメラなど，いくらでもあるだろう。これらは，乾電池や充電式電池から電気エネルギーを得て作動

する。逆に言えば，携行品を働かせるエネルギー源は事実上，電気エネルギーしかない。

　街角に目をやれば，信号機，街灯，電飾，それに種々の自動販売機がある。また，新幹線から地下鉄や郊外電車，路面電車に至るまで，交通の手段としても電気エネルギーは重要である。さらに，あらゆるところで活躍するコンピューターシステムも電気エネルギーに支えられている。ふだん気づくことはあまりないが，電気エネルギーが途絶えると水道の供給も止まる。浄水場などで送水するのに電動ポンプを使っているからである。

暮らしの中の電気エネルギー

4-2 電気エネルギーの利点と欠点

　一般の家庭に"オンライン"で供給されているエネルギーを考えてみよう。わが国ではほとんどすべての家庭に電気が通じているし，またガス（都市ガス）もたいていの家庭に供給されている。つまり，この二つのエネルギー源は家庭内でいつでも自由に使うことができる。このうち，ガスは燃焼させて熱エネルギーを得るという利用法しかないが，電気エネルギー*はさまざまな装置を通じて，実にさまざまな仕事をする。電灯を用いれば光エネルギーを得ることができるし，電熱器を用いれば熱エネルギーが得られる。また，掃除機，洗

---

*　エネルギーの量は，電力量で表される。電力量（Wh）＝電力（W）×時間（h）。Wh は「ワット時」と読む。

濯機，扇風機など，モーターを使って得られた運動エネルギーで作動するものも数多い*。電動ポンプで水を汲み上げたり，エレベーターやエスカレーターで人や物を高いところに運ぶのは，電気エネルギーを位置エネルギーに変換していることになる。

このように，電気エネルギーはさまざまなかたちのエネルギーに容易に変換することができる。表4-1に例を示したように，電気のかたちでエネルギーが供給されれば，私たちの生活に必要な仕事はほとんどすべて可能となる。これが電気エネルギーの最大の利点である。

表4-1　電気エネルギーの変換と主な家電製品，装置など

エネルギーの変換	家電製品，装置など
電気エネルギー ⟶ 光エネルギー	電灯（LED，蛍光灯，白熱灯など）
⟶ 熱エネルギー	炊飯器，電気ポット，電気こたつ
⟶ 運動エネルギー	洗濯機，掃除機，扇風機，電車
⟶ 位置エネルギー	エレベーター，エスカレーター，ポンプ

電気エネルギーのもうひとつの利点は，"運搬"が容易であることである。電気エネルギーは送電線を通じて遠方まで瞬時にして送ることができる。いったん送電線を敷設すれば，その後は電気エネルギーの"運搬"には事実上，余分のエネルギーを要することはない。もちろん，ここで言う電気エネルギーの"運搬"とは，石油などの燃料をトラックや列車で運搬することとはまったく意味が異なる。

─── コラム　"電気"という言葉 ───

　私たちはふつう，「暗くなったから電気をつけよう」とか，「部屋を出るときは電気を消そう」というような表現をする。ここで言っている"電気"という言葉は，"電灯"という意味である。これは，明治のはじめ，わが国で初めて電気エネルギーが使われたとき，それがもっぱら電灯用であったことの名残に他ならない。つまり，当時は，"電気"＝"電灯"であったわけである。現在では，電気エネルギーが，光エネルギー（電灯）だけでなく，実にさまざまな形のエネルギーのもとになっていることは，上で見たとおりである。

---

*　冷蔵庫，クーラー（エアコン）などの冷却装置では，多くの場合，凝縮した冷媒を一気に気化させ断熱膨張の原理によって温度を下げる。この冷媒を圧縮して凝縮するのに，コンプレッサーを使う。つまり，これらの家電製品では，電気エネルギーはコンプレッサーの運動エネルギーに変えられる。

4 電気エネルギー **69**

オームの法則

ドイツ人オーム Ohm が"**オームの法則**"を発見し，論文として発表したのは，1826 年，彼が 37 歳の時である。この法則とは，一様な電導体の 2 点間に加えた電圧 E は，それによって流れる電流の大きさ I と比例関係にある，というものである（（4-1）式）。このときの比例定数 R を電気抵抗（抵抗）という。

$$E = R \times I \qquad (4\text{-}1)$$

きわめて単純な式にまとめられるこの法則は，実用面でやがて大きな意味を持つことになる。しかし，この画期的な発見は当時の学会に直ちに認められることはなく，オームはその後も不遇な生活を送ったと言われる。

ところで，これと同じ法則は，イギリスの孤高の化学者，キャヴェンディッシュ Cavendish によって，オームより 50 年近く前に発見されていた。しかし，彼は自分の発見を公表する意志がなかったため，その発見が明らかになったのは彼の没後 70 年近く経った後であった（1879 年）。その時点では，すでにこの法則は「オームの法則」の名で世に知れわたっていた。

コラム　長距離の送電線はなぜ高圧か？

発電所で作り出された電気は，数 10〜数 100 km 離れた消費地まで数 10 万 V（ボルト）という高電圧で送電される。このような高電圧は非常に危険なので，送電線は場合によっては 100 m 以上もある高い鉄塔に張られている。なぜ，これほど電圧を高くする必要があるのだろうか。

電力（単位時間に消費される電気エネルギー）P は，（4-2）式のように電圧 E と電流 I の掛け算で表される。

$$P = E \times I \qquad (4\text{-}2)$$

この式をオームの法則（（4-1）式）を使って書き直してみると，

$$P = R \times I^2 \qquad (4\text{-}3)$$

となる。ここで，R を送電線の電気抵抗とすると，P は送電線の中で消費される電力，すなわち送電中の電力の損失量となる。送電線には電導性のよい物質であるアルミニウムが使われているが*，それでも電気抵抗はゼロではない。長い距離になると，全行程の抵抗は無視できないものになってしまう。（4-3）式から，電力損失量 P は電流 I が小さいほど小さい。つまり，送電線中での電力の損失を少なくしようとすれば，なるべく小さい電流で送電したほうがよいことになる。一方，ある量の電力 P を小さな電流 I で送りたいとき，（4-2）式から，電圧 E を大きくすればよいことが分かる。以上のような理由で，遠隔地への送電には高い電圧が使われるのである。

こうして送られた電気は，消費地近くの変電所で数 1,000 V まで電圧を下げられ，最終的には電柱にある変圧器（トランス）でさらに電圧を下げられて一般家庭（100 V）や工場など（おおむね 200 V）に送られる。

* 銅の電気伝導度はアルミニウムの約 1.7 倍であるが，アルミニウムの比重は銅の約 3 分の 1 であるため，同じ重さで比べるとアルミニウムは銅の約 2 倍の電気を通すことになる。このことから，高圧送電線にはアルミニウムが使われる。

70

　以上，さまざまなかたちのエネルギーに変換可能であること，"運搬"が容易であること，の2点が，電気エネルギーが現代生活で広く使われている理由である。

　それでは，電気エネルギーの欠点とは何だろうか。最大の欠点は，大容量の電気エネルギーを貯蔵しておくことがきわめて困難であるという点である。電気エネルギーを蓄える装置として，バッテリー（蓄電池）がある。しかし，スマートフォンやパソコンなどに使われているバッテリーを見ても分かるとおり，これらはきわめて小容量の電気エネルギーしか貯めることができない。つまり，発電所の余力のあるときに余分に電気を作ってそのまま電気エネルギーのかたちで貯めておくことは不可能である。発電所では，時々刻々変化する電力消費量を常時モニターし，消費量が下がってくるとそれに合わせて発電量を減らすようにしている。このことについては，4-7節で詳しく述べよう。

4-3 発電の方法

　正または負の電荷をもった微小な粒子を荷電粒子という。荷電粒子の流れが**電流**である。たとえば，金属の導線の中を流れる電流とは，負の電荷をもつ電子の流れのことである。荷電粒子の流れがあると外部に仕事をすることができる。これが，電気エネルギーの正体である。こうした荷電粒子の流れを何らかの方法で生じさせるのが**発電**である。

　金属の導線で作られた回路に磁石を近づけたり遠ざけたりすると，**電磁誘導**によってこの回路に電子の流れ，すなわち電流が発生する[*1]。**発電機**はこの原理に基づいて電気を得る装置である。発電機では，回路の一部が鉄の芯に導線を巻きつけたコイルになっていて，そのコイルで囲まれた空間を磁石が回転する仕掛けになっている[*2]。この運動により，磁石は連続的にコイルに近づいたり遠ざかったりするので，コイルに連続した電流が生じる。つまり，外部から

---

*1　より一般的には，「回路を貫く磁束密度を変化させると，電磁誘導によって……」と表現すべきである。

*2　ここでは，説明を簡単にするため，磁石が回るタイプを示した。磁石で囲まれた空間をコイルが回るタイプがより一般的である。

何らかのエネルギーを与えて磁石を回転させれば，そのエネルギーは電気エネルギーに変換されることになる。

　大型の発電機はタービンという羽根車とつながっていて，このタービンを何らかの力で回すことによって発電が行われる。**水力発電**では，水の流れ落ちる力でタービンを回す。**火力発電**では，天然ガス，石油，石炭などの燃料を燃焼させ，その熱でボイラーを加熱して水蒸気を発生させる。そして，その水蒸気の勢いでタービンを回す。**原子力発電**では，ウランなどの核分裂で熱を得て水蒸気を発生させ，火力発電と同じように，この水蒸気の力でタービンを回す。国ごとにそれぞれ割合は違うが，多くの国でこれら3つの発電が主流になって

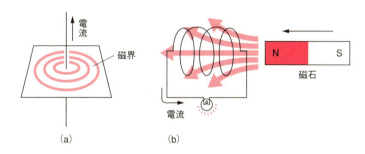

図4-1　電磁誘導の原理
(a) 導線に電流を流すと周りに磁界が発生する。(b) 導線を巻いたコイルに磁石を近づける（または遠ざける）ことによりコイルを貫く磁界（磁束）を変化させると，その変化を打ち消す逆向きの磁界を発生させようとしてコイルに電流が流れる。

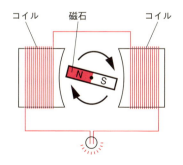

図4-2　発電機の仕組み
磁石が回転することにより，コイル内の磁界が連続的に変化する。このため，コイルに連続的な電流が発生する。磁石が近づくときと遠ざかるときとでは電流の向きが逆なので，このような発電機では周期的に電流の向きが変わる電流，すなわち交流電流が得られる。

表 4-2　主な発電におけるエネルギーの変換

発電の種類	エネルギーの変換
(a) 水力発電	ダム湖の水〈位置エネルギー〉 　　　↓落下 タービンの回転〈運動エネルギー〉 　　　↓発電機 〈電気エネルギー〉
(b) 火力発電	化石資源（天然ガス，石油，石炭）〈化学エネルギー〉 　　　↓燃焼 水蒸気〈熱エネルギー〉 　　　↓ タービンの回転〈運動エネルギー〉 　　　↓発電機 〈電気エネルギー〉
(c) 原子力発電	核燃料〈核エネルギー〉 　　　↓核分裂 水蒸気〈熱エネルギー〉 　　　↓ タービンの回転〈運動エネルギー〉 　　　↓発電機 〈電気エネルギー〉

コラム　IH 調理器

　火のない調理器「IH 調理器」は，今やすべての家庭で使われていると言ってよいだろう。さわってもまったく熱くないのに載せた鉄鍋は加熱されるという不思議な器具である。これは，IH（＝Induction Heating: 電磁誘導加熱）という言葉の通り，電磁誘導という現象を利用している。調理器内部に交流電流を流し磁界を発生させると，電磁誘導によって鉄鍋内部に渦状の電子の流れ（つまり電流）が生じる（図 4-1 参照）。この電子が，整列した鉄原子にぶつかって鉄原子の動きを激しくする。すなわち，鉄が熱くなる。鉄の電気抵抗によって熱が発生すると言ってもよい。電気抵抗が小さく，かつ非磁性体であるアルミニウムは，通常の IH 調理器では加熱できない。

いる。わが国でも，2010 年以前の 10 年ほどの間はこの 3 つで総発電量の 98％を占めており，その電源別構成比は，水力 10％，火力 60％（うち，天然ガス26％，石油 18％，石炭 16％），原子力 30％程度で推移していた*。

──────────

＊　2011 年 3 月の福島第一原子力発電所の事故以来，この構成比は大きく変化した。2016 年においては，水力 9％，火力 82％（うち，天然ガス 41％，石油ガス 6％，石油 30％，石炭 11％），原子力

4　電気エネルギー　**73**

――― コラム　交流と直流 ―――

　コイルに磁石が近づくときと遠ざかるときとでは，コイルに生じる電子の流れ，つまり電流の向きは逆である。すなわち，図4-2のような発電機で発生する電流は，向きが周期的に変化したものになる。正極（プラス）と負極（マイナス）が周期的に入れ替わると言ってもよい。これを**交流**（AC＝alternating current）という。一方，乾電池や，太陽電池，燃料電池から流れ出る電流は，常に向きが一定でこれを**直流**（DC＝direct current）という[*]。

　ちなみに，電流の向きは「正電荷が動く方向」と定義されている。つまり，金属の導線中を負電荷を持った電子が流れるとき，その流れの逆向きが電流の方向になる。

[*] 太陽電池と燃料電池の仕組みは，それぞれ，第5章5-2節，p. 89，5-8節，p. 101を参照のこと。

　自然のエネルギーを利用した発電のうち，**風力発電**は，風車を使って風の力で発電機を回転させる。また，**地熱発電**は，地下熱源から噴出する蒸気でタービンを駆動させ発電機を回転させる。これらの発電は，上に述べた主要な発電と同様，電磁誘導の原理に基づく従来型の発電機を利用している。

　一方，このような従来型発電機を用いない，まったく新しいタイプの発電法が開発されている。そのひとつは，**太陽光発電（太陽電池）**であり，もうひとつは**燃料電池**である。前者は太陽の光エネルギーの作用によって，また後者は水素（H_2）と酸素（O_2）の化学反応によって，それぞれ直接，電子の流れ（＝電流）を生じさせる。

4-4　水力発電

　水が流れ落ちる力で発電機のタービンを回して発電するのが，**水力発電**である。高いところにある水は低いところへ流れ落ちるときに仕事をすることができるので，あるエネルギーを持っていることになる。このエネルギーを**位置エネルギー**と呼ぶ（第2章2-1節，p. 26参照）。つまり，水力発電とは，水の位置エネルギーをタービンの運動エネルギーを経由して電気エネルギーに変換することに他ならない（表4-2（a））。水力発電では，たとえばダム湖に貯まっ

―――――――――――――

2%であった。電気事業連合会編『電気事業のデータベース（INFOBASE）2017』による。なお，ここに掲げた数値は電力会社ごとに異なる。

た水を落下させてタービンを回す。位置エネルギーは水の落差に比例するので，大きなダムを建設すればそれだけ多くの電力が得られる*。

　水力発電は川の流れという自然の力を利用しているので，自然エネルギーの有効利用と見なせるかも知れない。ダムによって作られた人造湖は，周囲の山とともに美しい風景をかたちづくり，人々の憩いの場所になっているところも多い。しかし，ダムの建設にあたっては莫大なエネルギーが注ぎ込まれていることに注意しよう。さらに，その底には集落や田んぼが沈み，また多くの動植物が犠牲になったことを忘れてはならない。

　以上のようなことから，ダム建設にあたっては，建設のために投入したエネルギーとその後得られるエネルギーの損得勘定，また自然環境に及ぼす影響な

多目的ダム
天ヶ瀬ダム（京都府宇治市）。手前右に，関西電力天ヶ瀬水力発電所の建屋が見える。

コラム　川をさかのぼる魚たち

　サケは川の上流で孵化し，川を下って海に至る。海でたくましく育ったサケは，数年後ふるさとの河口に戻って産卵のため上流を目指す。サケだけでなく，産卵を目指して川を遡上する魚は多いが，こうした魚たちにとってダムが大きな障害になっていることは否めない。こうした障害を取り除くため，ダムの脇にいわゆる魚梯（魚道）が作られているところもある。しかし，高低差の大きな大規模ダムではこのような仕掛けは不可能である。

　人類の自然との共生をめぐる課題は，ここにもある。

＊　単に発電のためだけに建設されるダムはむしろまれで，多くは，農業用水や水道用水の確保，洪水の防止など，さまざまな目的をになった**多目的ダム**である。

ど，多角的にその是非を評価する必要がある。現在，わが国ではいくつかのダムが建設中であるが，これ以上，大規模ダムを計画することは難しい情勢にある。

4-5 火力発電

火力発電は，天然ガス，石油，石炭といった化石資源の化学エネルギーを電気エネルギーとして取り出すものである。これら燃料を燃やしてボイラーの水を沸かす。こうして水蒸気を発生させ，その力で発電機のタービンを回す（表4-2（b））。第2章で触れたが，この過程の中で「水蒸気の熱エネルギー」→「タービンの運動エネルギー」の変換は熱力学に基づく制約があって，実際上その効率は40〜50％ほどにしかならない（第2章2-2節，p. 27参照）。すなわち，この過程で約半分のエネルギーが失われる。火力発電は現在世界的に見て発電の主流であるが，資源の有効利用という観点から将来のあり方を考えねばならないだろう*。そもそも，化石資源は有用な化成品の原料としての用途もあり，燃やしてしまうことは有益な資源を不可逆的に失ってしまうことになる。

一方，火力発電では排煙による大気汚染に注意しなくてはならない。燃料である化石資源にはしばしば不純物として硫黄分が含まれている。特に，石炭には硫黄分が多い。第3章3-7節（p. 60）で述べたが，硫黄分が含まれると燃やしたときに硫黄酸化物（ソックス）が発生する。これは，喘息の原因物質と考えられているし，大気中の雨に溶け込んで酸性雨の原因となる。

4-6 原子力発電（原発）

原子力発電は，**ウラン**や**プルトニウム**などの原子の原子核が**核分裂**するとき発生する熱を利用したものである。この熱で水蒸気を発生させ，発電機のタービンを回す（表4-2（c））。原子力発電は，1基当たりの出力（発電量）が他の発電方法に比べ一般に大きい。わが国の原発（商用炉）1基当たりの平均出力は，大型火力発電並みの100万kW弱である。100万kWの原発は，稼働率

---

* 第5章5-8節（p. 100）で詳しく述べるが，燃料電池を使うと化石資源から利用可能なエネルギーをより効率よく取り出すことができる。

表 4-3 主な国の原子力発電の総出力

順位	国	基数	総出力（万 kW）
1	アメリカ合衆国	98 基	10,305.7
2	フランス	58	6,588.0
3	中国	44	4,463.6
4	日本	38	3,804.2
5	ロシア	32	2,906.0
6	韓国	24	2,269.5
7	カナダ	19	1,451.9
8	ウクライナ	15	1,381.8
9	イギリス	15	1,036.2
10	ドイツ	7	1,001.3
	世界計	443	41,445.4

2019 年 1 月現在。電気事業連合会編「電気事業のデータベース（INFOBASE）2019」より。出典；日本原子力産業協会「世界の原子力発電開発の動向 2019 年度版」ほか。

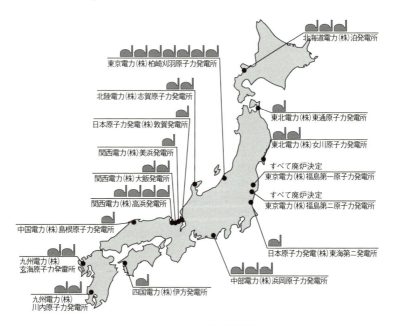

図 4-3　日本の原子力発電所

商業用の炉；2019 年 12 月現在。（資源エネルギー庁 HP の資料などをもとに作図）

70% で運転したとき約 200 万世帯の消費電力をまかなえる[*1]。わが国では，2017 年現在，全国で 40 基ほどの原子炉があり，総発電量（総出力）はアメリカ，フランスに次いで世界第 3 位である。ただし，福島第一原発の事故以来，安全性への懸念から多くが運転休止中である。2019 年の稼働率は 6% であった。

　わが国には，核燃料となるウランはほとんど産出せず，すべて輸入に頼っている[*2]。2015 年のウラン鉱石の可採年数は 102 年と見積もられており，決して無尽蔵のエネルギー源でない[*3]。

原子力発電の仕組み　ここで，原子力発電の仕組みを簡単に見てみよう。核燃料の核分裂は**原子炉**という密閉された容器の中で起こさせるが，原子炉には核燃料の種類などによっていくつかのタイプがある。現在，わが国はじめ各国の原子力発電所で稼働している原子炉の多くは**軽水炉**と呼ばれるものである。このタイプの原子炉ではウラン 235 を核燃料とし，軽水（H_2O＝普通の水）の中でウラン 235 の核分裂を起こさせる。ウラン 235（^{235}U と表される。）とは，ウランの**同位体**[*4]のうち，質量数が 235 のもののことである[*5]。ウラン 235 核に熱中性子といわれる中性子を当てると核は 2 つに分裂し（**核分裂**），莫大な熱エネルギーが放出される。このとき，2〜3 個の中性子が飛び出す。こうして飛び出した中性子は速度の速い高エネルギー状態にあり速中性子と呼ばれる。速中性子は，まわりの水にぶつかってエネルギーを失い，速度の遅い熱中性子になって次のウラン 235 核の核分裂を引き起こす。このようにして，次から次へと核分裂が連鎖的に進行する（図 4-4 (a)〜(c)）。ここで水は速中性子を熱中性子に"減速"させる役目をしているので**減速材**と

[*1] 一世帯当たり，年間の平均電力消費量は約 3,000 kWh である（2015 年度，電気事業連合会調べ）。ここでの見積もりは，この数字に基づいている。

[*2] 主な輸入元は，カナダ，オーストラリア，イギリス，アメリカである。

[*3] OECD / NEA-IAEA, "Uranium 2016" による。

[*4] その原子核を構成する陽子数が同じで中性子数が異なる原子どうしを同位体という。原子の性質は主に陽子の数（＝原子番号）で決まるので，同じ原子の同位体を持つ化合物同士は，化学的性質がほぼ同じになる。

[*5] 原子核に含まれる陽子と中性子の数の合計を質量数という。また，原子核に含まれる陽子の数を原子番号という。ウランの原子番号は 92 なので，ウラン 235 の原子核には 92 個の陽子と 143 個の中性子が含まれる（92＋143＝235）。

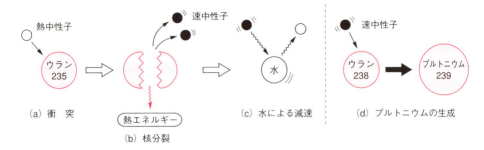

図 4-4 軽水炉におけるウラン 235 の核分裂とプルトニウム 239 の生成

(a)ウラン 235 に熱中性子○（エネルギーの低い中性子）が衝突する。(b)ウラン 235 核が 2 つに分裂し，2〜3 個の速中性子●（エネルギーの高い中性子）が飛び出す。このとき，莫大な熱エネルギーが放出される。(c)速中性子●は水分子に衝突して減速され，熱中性子○となる。このことによって水は加熱される。一方，こうしてできた熱中性子○は(a)(b)にしたがって次の核分裂を引き起こす。このようにして，核分裂が連鎖的に続く。(d)一方，軽水炉で用いる核燃料には，ウラン 238（"燃えない" ウラン）が含まれており，このウラン 238 が速中性子●を吸収してプルトニウム 239 になる核反応が同時に起こる。

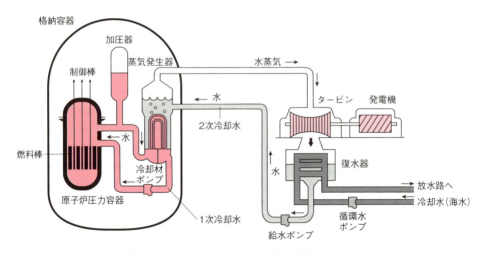

図 4-5 軽水炉（加圧水型）の構造

呼ばれる。また，軽水炉で，水は系全体を冷やす**冷却材**としての役目も果たしており，こうして水自身は加熱される。この熱を何らかの方法で外部に導き*,

---

* 加圧水型原子炉では，原子炉内と外部を循環する 2 次冷却水を通じて熱を外部に導く（図 4-5）。2004 年，福井県の美浜原発でこの 2 次冷却水系の配管が破裂して高温の水蒸気が噴き出し，作業員 4 名が死亡するという痛ましい事故が起こった。福島原発事故を起こした原発は沸騰水型である。

4 電気エネルギー　*79*

水蒸気を発生させる熱源にする。ところで，1回の核分裂で放出される2〜3個の中性子がすべて次の核分裂を引き起こすと核分裂はどんどん拡大していってしまう。そこで中性子を吸収する性質のある制御棒というものを原子炉内に適当に出し入れすることによって，平均して1回の核分裂が次の1回の核分裂を引き起こすよう制御している。このように核分裂が連鎖的かつ定常的に進む状態を**臨界**という。図4-5は，軽水炉のうち，加圧水型と呼ばれる原子炉の構造を模式的に表している。軽水炉にはこのほか，沸騰水型というタイプの炉がある。

　ウラン235は軽水炉で核分裂を起こすので，比喩的に"燃えるウラン"と呼ばれる。ところが，天然に存在するウランには，このウラン235は0.72%しか含まれておらず，大部分（99.28%）は質量数が238のウラン238（^{238}U）である[*1]。これは，軽水炉で核分裂を起こさないので"燃えないウラン"と呼ばれる。軽水を減速材として使用する軽水炉では，核分裂が連鎖的に起こる状態を達成するためにウラン235の比率を3〜4%にまで高める必要がある[*2]。ウラン235の比率を高めることを**ウランの濃縮**という。このように，軽水炉を運転するには，まず"ウラン濃縮"という操作が必要であるが，これには高い技術力が要求される。ちなみに，ウラン235を90%以上にまで濃縮したものは，いったん核分裂を開始させると連鎖的な核分裂が一瞬のうちに起こって莫大なエネルギーを放出する。これは原子爆弾用の"爆薬"である。

原子力発電の問題点　ウラン235の核分裂では，その割れ方によって種々の**核分裂生成物**が生じるが，これらはすべて強い**放射性**の核種である。さらに，軽水炉の原子炉内では，"燃えない"ウラン238が速中性子を吸収してプルトニウム239に変わるという核反応も同時に起こる（図4-4 (d)）[*3]。すなわち，ウラン235を核燃料とする軽水炉では，使用済み核燃料，すなわち"燃えかす"の中に，核分裂生成物やプルトニウム239という

[*1]　天然ウランには，質量数234のウラン（^{234}U）もほんのわずか（0.0057%）含まれる。

[*2]　減速材として重水（D_2O＝質量数2の水素原子からなる水）を使うと，ウラン235は天然存在比の低濃度のままでも連鎖的な核分裂を起こす。このタイプの原子炉は**重水炉**と呼ばれる。

[*3]　プルトニウム239は核兵器への応用が可能であるという点もしばしば問題視される。広島に投下された原子爆弾はウラン235の核分裂によるものであり，長崎に投下されたものはプルトニウム239の核分裂によるものである。

80

きわめてやっかいな核種が含まれる。現在は再処理工場で，使用済み核燃料から "燃え残り" の（つまり核分裂しなかった）ウラン 235 と，プルトニウム 239 を資源として取り出すことが行われている。プルトニウム 239 も，ある条件下で核分裂を起こして莫大なエネルギーを放出するので，核燃料になり得るからである。このような核燃料の "リサイクル" を**核燃料サイクル**という。しかし，現在のところ，取り出したプルトニウム 239 を "燃料" として利用する有効な方法はなく，きわめて取り扱いにくいものとしてたまり続けている。通常の軽水炉に混ぜて使うこと（**プルサーマル**）が一部行われているが，どんど

コラム　チェルノブイリ事故と福島事故

　1986 年 4 月，旧ソビエト連邦ウクライナ共和国にあるチェルノブイリ原子力発電所で起こった事故は，原発の危険性を世界に知らしめた最初の例と言える。事故のきっかけは動作試験中の操作ミスと考えられているが，わずか数十秒のうちに炉全体が爆発を起こし，溶融，崩壊するというすさまじいものであった。このとき駆けつけた消防士ら 33 名が死亡し，さらにその後の処理などで多くの人が強い放射線に被曝した。炉は厚いコンクリートで覆われたが，数十年を経て劣化し，2018 年現在，さらに巨大な金属製シェルターをかぶせる工事が行われている。また，飛び散った大量の放射性物質のため，半径 30 km 以内は立ち入り禁止のままである。

　この原子炉は，「黒鉛炉」＊と呼ばれる炉のうち，旧ソ連が開発した特殊なものであった。世界の標準機は「軽水炉」であり，多くの国がチェルノブイリ事故を "対岸の火事" のように見ていたことは否めない。しかし，その「軽水炉」でも重大事故は起こった。

　2011 年 3 月 11 日，東北地方太平洋沖で発生した巨大地震による大津波は，東京電力福島第一原子力発電所を直撃した。敷地内の電源がすべて麻痺し，そのため原子炉を冷却する冷却ポンプが停止した。こうして，全部で 6 基ある原子炉のうち，運転休止中の 1 基を含む 4 基が暴走的に過熱し，炉心溶融（メルトダウン）や水素爆発という深刻な事態を引き起こした。付近の住民は直ちに避難したが，飛散した放射性物質は土地を汚染し，原発から数十 km 圏内に設定された「帰還困難区域」は 2018 年に至っても解除のめどがたっていない。この区域の住民には，一時帰宅することすらままならない不幸な状況が続いている。

　チェルノブイリ事故でも福島事故でも，飛散した放射性物質で周辺の住民が苦しんでいる。このことは，原発というものは，原理的に処理不能な放射性廃棄物を産み出すのと引き替えに電気エネルギーを得るものであるという事実を，私たちに思い出させてくれる。

＊　減速材として黒鉛が使われている。

高速増殖炉

通常の軽水炉でウラン 235 の核分裂を起こさせたとき，副反応として，"燃えない"ウラン 238 から"燃える"プルトニウム 239 が生成する。その生成量は，理論上，ウラン 235 の核分裂の量より多い。つまり，「燃料を燃やせば燃やすほど，新しい燃料が生まれる」という，まるで魔法のようなことが起こる。

こうして生成するプルトニウム 239 を核燃料として使おうというのが，**高速増殖炉**である。この原子炉では，放射性物質の完全な制御という，原発に一般的な要請に加え，減速材・冷却材として水ではなく，溶融状態の金属ナトリウムを使わねばならないという技術的困難さがある。金属ナトリウムは水や空気（酸素）と触れると激しく反応し，ときに爆発を起こすという物質である。このことから，ほとんどの国が高速増殖炉開発から撤退している。

わが国では，1980 年代から，福井県敦賀市に建設された核燃料サイクル開発機構（現・日本原子力研究開発機構）の高速増殖炉「もんじゅ」で，商用化の実証プロジェクトが始まった*。ところが，1995 年 12 月，この「もんじゅ」で，破損した配管から漏れた液状の金属ナトリウムが空気中の酸素と激しく反応して火災を起こすという重大事故が発生した。さらにその後も大小のトラブルが相次ぎ，「もんじゅ」は世間から厳しい目を向けられることになる。そんな中，2011 年，福島第一原発事故が起こった。この事故は，原発の安全性に対する信頼を大きく損ねるものであり，「もんじゅ」への風当たりも一層強くなった。信頼回復が図られたが，それでもなお「もんじゅ」は設計通りの運転ができない状態が続き，2016 年に至ってとうとう廃炉が決定された。こうして，「夢の原子炉」の実現を目指した超大型プロジェクトは，大きな成果を残すこともなく終わりを迎えることになった。30 年間で完了することを目指した廃炉作業が，2018 年に始まっている。

* 原子炉が実用化にいたるまでには，実験炉 → 原型炉 → 実証炉 → 実用炉，という段階を踏まねばならない。「もんじゅ」は，まだ原型炉の段階であり，高速増殖炉が実用化にほど遠い技術であることを示している。

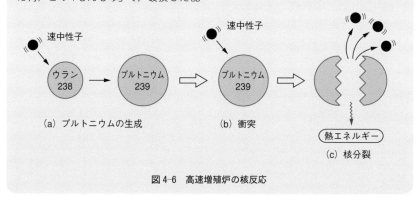

図 4-6　高速増殖炉の核反応

ん出てくるプルトニウム 239 を，ほんのわずか減らせるだけである。また，プルトニウム 239 を燃料とする特殊な原子炉，**高速増殖炉**は，開発そのものが中止に追い込まれた。

82

一方，ウラン235とプルトニウム239を取り出したあとには，きわめて高い放射能を持つ廃棄物（**高レベル廃棄物**）が残る。これはもはや利用価値はないので処分が必要であるが，これらの核種を処理する有効な手段はない。現在考えられている唯一の処分法は，融かしたガラスに封じ込めたうえ，ステンレス容器に詰めて地下深く埋めてしまうというものである。しかし，埋める場所の選定は困難である。

本来，絶対漏れてはならない放射性物質（高レベル廃棄物など）が外部にまき散らされたときは，広範囲の土地が数十年という長期間にわたって人が足を踏み入れることのできないものになる。このことは，1986年のチェルノブイリ事故（旧・ソビエト連邦，現在のウクライナ共和国）や2011年の福島事故で，不幸にも現実のものとなった。このうち，福島事故は，世界標準機である軽水炉の事故であったこと，4基もの原発が同時に事故を起こしたことなどから世界に与えた衝撃は大きく，各国の原子力エネルギー政策にも少なからぬ影響を与えた（コラム参照）。

コラム　元素の名前

　もともと自然界に存在している天然元素は，原子番号92のウラン（U）までで*，これより原子番号の大きい元素は**超ウラン元素**と呼ばれる人工の元素である。ウランは1789年に，ある鉱石の中から発見されたが，その名前（英語ではUranium）は，その数年前に発見された惑星，天王星（Uranus）から取られた。その後，原子番号93および94の元素が人工的に作られたが，ウランの続きということで，天王星の続きである海王星（Neptune），冥王星（Pluto）にちなむ，ネプツニウム（Np; Neptunium），プルトニウム（Pu; Plutonium）という名前が順に与えられた。天王星，海王星，冥王星という名前は，それぞれギリシャ神話の，天空の神，海洋の神，冥土（地獄）の神，にちなむものである。2006年に冥王星は太陽系惑星としての"資格"を失ったが，その名を負うプルトニウムはその後も世界中の原子炉の中で増え続け，人類の懸念材料となっている。

*　原子番号が92以下でも，原子番号43のテクネチウムなど，天然に存在しない元素もある。これらは，はるか昔には存在したが放射性壊変で別の元素に変わってしまったものと考えられている。

4-7　電気エネルギーの安定な供給

4-2節で，電気エネルギーの最大の欠点は貯蔵ができないことであることを

見た。電気エネルギーの本質は荷電粒子の流れなので，その"固定"は原理的に不可能なのである。このことから，発電には以下のようなことが要求される。

　その一つは，常に過不足なく電力を供給できるよう発電量を加減しなければならないということである。電力会社では時々刻々変化する電力消費量を常時モニターし，各発電所の発電機を動かしたり止めたりすることによってその時々の消費量ぶんだけ発電するようにしている。しかし，こうした調節は，発電の方法によっては簡単ではない。たとえば，原子力発電では，原子炉内でいったん定常的な核分裂の連鎖反応が始まると，すぐにこれを止めることができない。したがって，電力消費量の少ないとき（夜間など）に電力を余分に作り過ぎてしまうことになり，この余剰電力を何らかの方法で"貯蔵"する必要がある。このため，**揚水発電**が利用されることが多い。揚水発電については，すぐ後で詳しく述べよう。

　もう一つ重要なことは，電力の最大消費時に電力不足にならないだけの発電所を用意しておく必要があるということである。わが国では，電力消費のピークは，例年，気温が最高になる真夏の日中に訪れる。エアコンの使用量が最大に達するからである。この最大消費量の電力を供給できるように，じゅうぶんな数の発電所が建設されている。ところが，真夏でも，夜間になると電力の消費量は昼間の半分ほどになるので，約半分の発電所を休ませることになる。このように，すべての発電所が 100% 近く稼働するのは一年のうちのほんの短い時間だけであり，ほとんどの時間，多くの発電所は休止している。電力の安定な供給のためには，こうした一見無駄と思える状況が避けられない。

　電気エネルギーの"貯蔵"　　電気エネルギーをそのままのかたちで貯蔵することは原理的に不可能であるので，電気エネルギーの"貯蔵"のためには，いったん貯蔵可能な別のかたちのエネルギーに変換しなければならない。

　電気エネルギーを水の位置エネルギーに変換して"貯蔵"する仕掛けとして，**揚水発電**がある。これは，発電と名がついているが，新しく電気エネルギーを産み出すものではないことに注意しよう。揚水発電所では，図 4-7 に示すように高低差のある二つの貯水池（多くの場合，人造湖）が導水管で結ばれている。夜間に余剰の電力がある場合，その電力を用いてポンプを動かし上の貯水池に

水を汲み上げる。これは，電気エネルギーを水の位置エネルギーに変換する過程である。そして，電力の消費量が増える昼間には，下の池に水を落とすことによって発電機を回し発電し電気エネルギーを得る。

蓄えられる電気エネルギーの量は，二つの池の高低差と汲み上げられる水の量で決まる。高低差が大きいほど，また池の容積が大きいほど多くの電気エネルギーを蓄えることができる。揚水発電所の建設地にはこうした地形的制約があって，作れる場所は限られている。

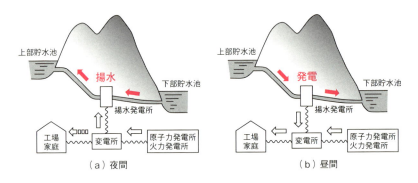

図 4-7　揚水発電の仕組み
(a)夜間；余った電力を用いてポンプを動かし，下部貯水池の水を上部貯水池に汲み上げる。
(b)昼間；水の流れ落ちる力で発電機を動かし発電する。
←水の流れ。　⇦電力供給の流れ。

燃料電池もまた，電気エネルギーの貯蔵に役立つ装置である。水を電気分解すれば水素が得られるが，これは電気エネルギーを水素という物質の化学エネルギーに変換していることになる。こうして得られた水素は，ボンベに詰めるなどして貯蔵が可能である。この水素を必要なときに燃料電池の燃料として使うことにより，また電気エネルギーが得られる。

以上，いくつかの方法で間接的に電気エネルギーを貯蔵できることを述べた。しかし，ここで重要なことは，エネルギーの変換は100％の効率では起こり得ないということである。電気エネルギーをいったん他のエネルギーに変え，またそれを電気エネルギーに戻すというサイクルでは，原理的に，必ず初めのエネルギーのいくらかが失われてしまう。たとえば，揚水発電を使って電気エネルギーを"貯蔵"した場合，約30％が失われると計算されている。

4 電気エネルギー 85

─── コラム　北海道大停電 ───

　2018年9月6日未明に発生した「北海道胆振東部地震」は，北海道内各地に甚大な被害をもたらしたが，同時に発生した停電は離島を除く北海道の全域に及び，その後，長く被災者に不便を強いることになった。これは，震源に近い苫東厚真石炭火力発電所（総出力：165万kW）が揺れによって一部損傷し緊急停止したことをきっかけとして起こった。この発電所の発電量は道内の総発電量の半分以上を占めており，これが突然停止したことによって道内の電力総供給量は一気に半分以下となった。つまり，大幅な需要オーバーとなり，これを解消しようとして，言い換えると，「使う分だけ発電する」ことを達成しようとして，ほかのすべての発電所は異常運転状態におちいった。その結果，安全装置が働いて次々と自動停止し道内すべての発電所が停止する，いわゆる「ブラックアウト（全系崩壊）」となった。

　以上の一連の過程はわずか10数分で起こってしまったことであり，電力供給システムがいかに微妙なバランスの上に構築されているかを思い知らされる。さらに，この大停電は電気エネルギーは貯めることができないという欠点の結果であることを指摘しておきたい。つまり，緊急事態に備えて電気エネルギーを「備蓄」しておくことはできないのである。

ノート4　人類は電気とどのように関わってきたか

　紀元前6世紀の昔，ギリシャのタレス Thalés は，琥珀を摩擦すると紙などを引きつける性質が現れることを見つけた。これはもちろん**静電気**の作用によるものである。静電気がこのような昔にすでに観察されていたのである。時代は下って1752年，アメリカ人科学者フランクリン Franklin は，雷雨の中で凧を揚げるという決死の実験で，雷が自然界に発生する大規模な静電気であることを証明してみせた[*1]。一方，日本では江戸時代，オランダの本を読んで静電気に興味を持った平賀源内が，苦心の末にエレキテルなるものを作り上げた（1776年）。これはすぐれた静電気発生装置として注目すべきものであるが，彼自身はこれを単に人を驚かせる道具とみなしていたらしい。

　静電気は摩擦によって正電荷と負電荷が分離したものであり，放電によって電荷の分離が解消される瞬間だけ外部に仕事をすることができる。継続的に外部に仕事をさせるためには，定常的な荷電粒子の流れ，すなわち**電流**が必要である。人類が最初に電流を得たのは，ボルタ Volta によって電池が発明されたときである。1800年，イタリア人ボルタは亜鉛板と銅板の間に希硫酸をしませた紙を挟むと，2つの金属板をつないだ回路に電流が流れることを発見した。これを，**ボルタの電池**という。この発見をきっかけに，「電学学」「電気化学」といった新しい学問が急速に進歩していった。ボルタの電池の起電力は約1.1 V であるが，正極に発生する水素 H_2 のため急速に電圧が降下する[*2]という原理的な欠点があった。そのため，電気が"実用的なもの"として認められるには至らなかった。1831年，イギリス人ファラデー Faraday は**電磁誘導**という現象を発見し，やがてこの現象に基づいて発電機が発明された。こうして，長時間流れ続ける電流を作り出すことが可能となり，私たちはついに，電気エネルギーという新しいかたちのエネルギーを利用できるようになったのである。

　こうした先人たちの偉業を称え，彼らの名前は単位の名前として残された。電圧を表す「ボルト，V」という単位はボルタの名にちなんだものであり，「オーム，Ω」（4-2節コラム参照）も抵抗の単位の名前になっている。また，ファラデーは，静電容量を表す「ファラド，F」という単位のほか，物質量と電気量の関係を表す「ファラデー定数」にその名を残している。

[*1]　フランクリン自身がその危険性を認識していたかどうかは明らかでないが，「決死の」という表現は決して大げさではない。フランクリンの後，同様の実験を行って感電死してしまった科学者もいる。雷雨のさなかの凧揚げは禁物である。
[*2]　この現象を「分極」という。

平賀源内
(1728〜1780)

ファラデー
(1791〜1867)

次世代エネルギー

　2015年の世界の発電電力量を見てみると，水力発電が16%，火力発電が66%，原子力発電が11%と，この3つの方法で90%以上の電力を作り出している*。しかし，第4章で見たように，これらの発電にはいずれもいくつかの問題点がある。特に重要なのは，火力発電に利用される化石資源が有限であるという事実である。そこで現在進められているのが，新しいエネルギー源の開発である。これら新エネルギーには，無尽蔵である自然のエネルギーを利用可能なエネルギーに変換するもの（太陽電池，風力発電，地熱発電など）や，生物資源からの廃棄物をエネルギー源として利用しようというもの（バイオマス・エネルギーなど）がある。

　こうした新エネルギーは，「次世代エネルギー」と呼ばれる。次世代エネルギーは，将来どの程度有望なのだろうか。この章では，これら自然のエネルギーがどのように利用されているのかを考える。これらのうち，太陽に由来する代表的な再生可能エネルギーである太陽光発電（5-2節），風力発電（5-3節），バイオマス・エネルギー（5-4節），および太陽に由来しない自然エネルギーである地熱発電（5-5節）について詳しく見てみよう。

　さらにこの章では，地球上の有限な資源をより有効に使おうと工夫されたものとして，燃料電池についても考えてみたい。

5-1 再生可能エネルギー

　現代の私たちの生活が，石油を初めとする化石資源にいかに多く依存してい

---

* 「資源エネルギー庁エネルギー白書2018」による。出典；IEA（国際エネルギー機構）"World Energy Outlook 2017".

88

るか，この本の中で，これまでずいぶん見てきた。ここで忘れてはならないの
は，化石資源は有限であり必ずいつの日かなくなってしまうという事実である。
さらに言えば，枯渇するより前に，埋もれている資源が資源としての意味をな
さなくなる日が来る。簡単に採れる場所から順に掘り尽くされていくので，や
がて採掘のために要するエネルギーが，得られる資源の産み出すエネルギーを
上回るようになってしまうからである。

　一方，太陽を源とするエネルギーはどうだろうか。太陽からの光エネルギー
や熱エネルギー，また太陽の作用によって生じる風や波のエネルギーは事実上，
枯渇することがない。また，地熱や潮汐エネルギーといった太陽によらない自
然エネルギーも地球が存続する限り存在し続ける。このような自然のエネルギ
ーは**再生可能エネルギー**と呼ばれ，近年，(1) 枯渇することがない，(2) 環境
への影響が小さい，という点で注目を集めている。

コラム　"再生可能エネルギー" という語

　「再生可能エネルギー」とは英語の "renewable energy" の訳語である。人類のタ
イムスケール内で自然界によって補充可能なエネルギーと定義される。つまり，わ
れわれ人類の使う速度よりはるかに速く補充されるエネルギーである。太陽エネル
ギーなどの自然エネルギーがこの定義に当てはまる。日本語で「再生」というと，
古いものを「再利用する」というイメージに結びつくので，この訳語は「補充可能
エネルギー」としたほうが良かったかも知れない。

　"renewable energy" より少し広い意味を持つ "sustainable energy" は直訳すると
「維持可能（持続可能）エネルギー」となって分かりやすい。ただしこの語は，消
費に比べて供給が圧倒的に大きく，将来に負担になるような影響を残さないエネル
ギーのことをいい，必ずしも自然エネルギーだけを指すのではない。

5-2 　太陽光発電

　太陽光発電は光エネルギーの作用で直接，電子の流れ，すなわち電流を発生
させるものである。太陽光発電のための装置は**太陽電池**と呼ばれる。太陽電池
のパネルは，光があたったとき電子を放出する性質のある物質（p 型半導体）
と，逆に電子を受け取る性質のある物質（n 型半導体）が重なってできている。
パネルに光があたると，p 型半導体から n 型半導体へ電子が移り，前者は電子
が抜けて正電荷を帯びた状態（正孔という）になり，後者は電子を余分に持っ

て負電荷を帯びた状態になる。この二つを導線で結んだ回路を作れば，電子の分離した状態を解消しようとして導線内に電子の流れが起こる（図5-1）。

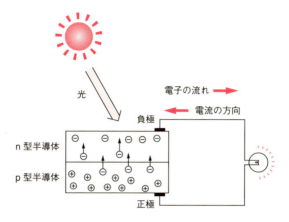

図5-1　太陽光発電（太陽電池）の原理（模式図）

　このような太陽電池を集めてパネルにしたものを，ソーラーパネル（太陽電池パネル）という。ソーラーパネル1枚で発電可能なので，太陽光発電は小規模でも行うことができる。これは太陽光発電の利点のひとつである*。街では屋根にソーラーパネルを貼り付けたビルや家屋を見ることができるが，そこで得られた電気エネルギーは，遠くまで送電するのではなく，その場所，あるいはその近傍で使用される電力の一部をまかなう。一方，多くのパネルを使って大規模な発電も可能である。休耕田など空いた土地にソーラーパネルを設置した中規模太陽光発電も多い。さらに，広大な土地にソーラーパネルを敷きつめた発電所で，総出力が1 MW（メガワット）を越えるものはメガソーラーと呼ばれる。そのうち，総出力10 MW（＝10,000 kW）以上の発電所はおよそ500か所ある（2019年）。これら中規模〜大規模太陽光発電所で産み出された電力は，各電力会社の設備を通じて各家庭，事業所などに送られる。こうした発電所を，ソーラー田と呼ぶことがある。

　太陽光発電の発電量は，近年，大幅な伸びを見せており，2019年における

＊　最も身近で，おそらく最小とも言える太陽電池は電卓に使われているものであろう。電卓は極めて微少な電力で作動するので，盤面に貼り付けたごく小さな太陽電池パネルの産み出す電力で十分である。また，太陽電池は人工衛星や宇宙ステーションの電源としても用いられている。

世界の太陽光発電導入量は約 600 GW（ギガワット；1 GW＝100 万 kW）である。これは、15 年前、2004 年の 200 倍以上にもなる。わが国においても、2019 年までの 15 年間で 50 倍以上伸びている。特に、ここ数年の中国の伸びはめざましい（図 5-2）。表 5-1 には 2019 年の主な国の国別発電容量をまとめた。

太陽からの光エネルギーは無尽蔵であるが、そうであるからと言って太陽電池を究極の夢のエネルギー源と考えるのは早計である。太陽電池パネルには寿

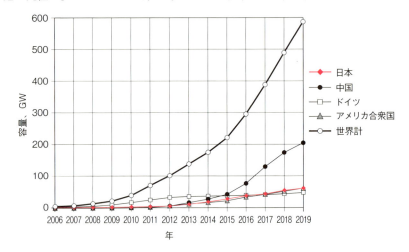

図 5-2　日本、中国、ドイツ、アメリカ合衆国における太陽光発電の累積発電容量の推移
BP Statistical Review of World Energy 2020 のデータをもとに作図。表 5-1 参照。

表 5-1　各国の太陽光発電の累積発電容量（2019 年）

順位	国名	容量（MW）	割合（%）
1	中国	205,493	35.0
2	アメリカ合衆国	62,298	10.6
3	日本	61,840	10.5
4	ドイツ	48,962	8.3
5	インド	35,060	6.0
6	イタリア	20,906	3.6
7	オーストラリア	15,930	2.7
8	イギリス	13,398	2.3
9	スペイン	11,065	1.9
10	フランス	10,571	1.8
11	韓国	10,505	1.8
	世界計	586,421	100.0

BP Statistical Review of World Energy 2020 より。図 5-2 参照。

命があり，作り出すことのできる電気エネルギーは無限ではない。したがって，そのパネルを製造したり運搬したりするために消費されたエネルギーより，結果的に多くのエネルギーを作り出すことができるのかどうかを考えねばならない。現在の太陽電池は，光エネルギーから電気エネルギーへの変換効率は45％程度であるが（第2章，表2-1, p. 29参照），変換効率がより高く，また寿命がより長い太陽電池を目指して開発研究が続けられている。

5-3 風力発電

風は地球上いたるところで吹いているし，また将来にわたって尽きることはない。**風力発電**は，こうした無尽蔵の風の力を電気エネルギーとして取り出す装置である。風の力で得られる風車の運動エネルギーを，発電機を用いて電気エネルギーに変換する。風車は製粉用や灌漑用として古くから使われていたが（第1章1-3節, p. 14, およびノート1, p. 23参照），風力発電は風車の新しい使い方である*。

現在の風力発電に使われている装置のうち，最大級のものは，風を受ける3枚刃のブレード（羽根）の長さが30〜50 mにもおよぶ。上空へ行くほど風が

図5-3 風力発電装置
草津市風力発電施設（滋賀県草津市立水生公園みずの森）

---

* 風力発電所のことを英語では"windmill power plant"という。windmillとは今では一般に風車を指す言葉であるが，もともとは"製粉用風車"という意味であった。

強いことを考慮し，これが高さ 60〜80 m のタワーの上に乗っているので，回転したときのブレードの最高点は地上から優に 100 m を超える巨大装置となる（図 5-3）。一方で，家庭用の小型の風力発電機も開発されている。

前節の太陽光発電ほどではないが，図 5-4 に見られるように，ここ 10 年余りの風力発電設備容量の増加は著しい。1997 年から 2019 年までの 20 数年間

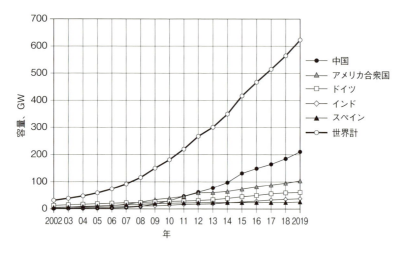

図 5-4　中国，アメリカ合衆国，ドイツ，インド，スペインにおける風力発電の累積発電容量の推移

　　BP Statistical Review of World Energy 2020 のデータをもとに作図。表 5-2 参照。

表 5-2　各国の風力発電の累積発電容量（2019 年）

順位	国名	容量（MW）	割合（%）
1	中国	210,478	33.8
2	アメリカ合衆国	103,584	16.6
3	ドイツ	60,822	9.8
4	インド	37,505	6.0
5	スペイン	25,553	4.1
6	イギリス	24,128	3.9
7	フランス	16,260	2.6
8	ブラジル	15,364	2.5
9	カナダ	13,413	2.2
10	イタリア	10,758	1.7
22	日本	3,786	0.6
	世界計	622,704	100.0

　　BP Statistical Review of World Energy 2020 より。図 5-4 参照。

5　次世代エネルギー　93

―― コラム　風力発電 "先進国" ～デンマーク ――

　風車で電気を産み出そうという発想は古くからあった。100 年以上の昔，19 世紀末にすでにデンマークで最初の風力発電装置が動いている。その後，化石資源を燃料とする動力装置が主流となったため風力発電はいったん姿を消すが，1970 年代の石油危機をきっかけに再び脚光を浴びることになった。本格的な風力発電が始められたのは，やはりデンマークであった。石油危機当時，石油などのエネルギー源を大きく海外に依存していたデンマークは，新しいエネルギー源として風力に着目したのである。そして，政府の要請のもと，各電力会社は次々と風力発電所の建設に着手していく。2016 年現在，デンマークでの風力発電総出力は世界の総出力の 1% あまり（順位は第 14 位）に過ぎないが，国内全発電量の約 40% を風力発電でまかなっていることは注目すべきであろう。デンマークでは，この割合をさらに引き上げ 2025 年までに 50% にするという目標に向かって風力発電を推し進めている。

―― コラム　北風と太陽 ――

　イソップ寓話のひとつに，旅人のコートを脱がせようと北風と太陽が競争する話がある。結果はご存じの通り，優しく旅人を暖めた太陽の勝ちに終わるのだが，"北風" も "太陽" も，いまの私たちにとっては大切なエネルギー資源である。それぞれ，風力発電と太陽光発電での活躍が期待される。

　ところで，風は太陽の作用で生じるものであることをここで指摘しておこう。つまり，理屈を言えば，"北風" は "太陽" のおかげで生まれたものだから，そもそもはじめから太陽の競争相手にはなり得なかったことになる。

で，全世界の発電容量は 100 倍以上の伸びがあった。その中で，わが国では風力発電の設置は進んでいない。2019 年において，全世界の発電量の 0.6% ほどを担っているに過ぎない（表 5–2）。

　地球上で吹く風は尽きることはないが，風力発電の装置そのものには寿命がありその装置で産み出される電気エネルギーは無限ではないことに注意しよう。このことについては，5–7 節で考える。

5–4 ｜ バイオマス・エネルギー

　植物は，太陽の光エネルギーを利用して二酸化炭素（CO_2）と水から有機物を合成する。動物はそれを食べ自らの体を作り上げていく。このように，動物植物を問わず，あらゆる生物は太陽からのエネルギーを有機物のかたちで体内に蓄えている。これら生物由来の有機物を**バイオマス**という。バイオマスには，

動物・植物そのもののほか，動物の排泄物や生物資源を利用したあとの廃棄物も含まれる。これらバイオマスの持つ化学エネルギー（＝内部エネルギー）が**バイオマス・エネルギー**である。これらを直接，または他のものに変えて燃焼すれば，熱エネルギーを得ることができる。たとえば，おがくず，もみ殻，間伐材（ばつざい）などの廃棄物を固めて固形燃料にすることが考えられる。家畜の排泄物，屎尿（しにょう）を発酵させれば気体の燃料であるメタンができる。また，製紙過程で排出される廃液を濃縮し燃料を得ることもできる。これらは，これまで単なる廃棄物であったものからエネルギーを取り出すものである。こうしたエネルギーを利用すれば，そのぶん，化石資源の消費を減らすことができる。このことは，バイオマス・エネルギー利用の効用のひとつである。

　バイオマスもその燃焼に際して二酸化炭素（CO_2）が発生する。ただし，その発生量はそのバイオマスのもととなる植物が成長の過程で大気中から吸収した二酸化炭素の量と等しい。つまり，バイオマスを燃やしたとき発生する二酸化炭素はもともと大気中にあったものを戻しているだけなので，大気中の二酸化炭素濃度を高めることにはならないという考えが成り立つ。この考えは，**カーボンニュートラル**（carbon neutral＝直訳すれば「炭素中立」）と呼ばれる。近年，バイオマス・エネルギーの利用を地球環境保全という枠組みで論じる動きが出ている。第6章で述べるように，大気中の二酸化炭素濃度の増加は地球温暖化の原因ではないかと考えられているからである。しかし，バイオマス・エネルギーを燃料として使うに当たっては，利用可能なかたちへの加工，その使用地への運搬など，さまざまなかたちで化石資源などの余分のエネルギーを消費し，余分の二酸化炭素が発生することに注意しよう（図5-5）。すなわち，バイオマス・エネルギーの利用において，完全なカーボンニュートラルが達成されることは原理的にあり得ない。

　バイオ燃料　　バイオマス・エネルギーの利用法のひとつとして，**バイオ燃料**がある。文字通り，植物資源を石油系燃料の代替物として使おうというものである。バイオ・エタノールとバイオ・ディーゼルの2種類がある。バイオ・エタノールは穀物の発酵によってエタノールを得るもので，原料は小麦，トウモロコシ，サトウキビなどである。これは，乗用車のエンジン用燃料として，ガソリンに混ぜて使われる。バイオ・ディーゼルは菜種や大豆

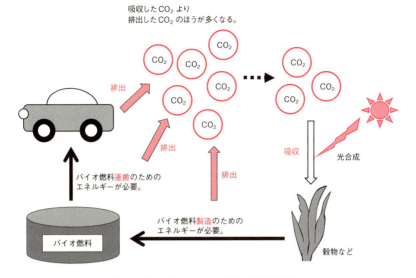

図 5-5 "カーボンニュートラル"は達成可能か？

からの植物油を加工して作られ，バスやトラックのディーゼルエンジンの燃料として軽油に混ぜて使われる。これらバイオ燃料の原料は食糧として重要なものであり，食糧との競合が問題となる。そのため，食物の非食部分や生ゴミなどの廃棄物から燃料を製造することが試みられ，これは第2世代のバイオ燃料と呼ばれる。

1997 年の京都議定書の締結以来，主要国は二酸化炭素排出量の削減が義務づけられた（第 6 章 6-1 節，p. 110 参照）。その対応策の一つとして，各国が注目したのがバイオ燃料である。カーボンニュートラルの論理に基づけば，いくら大量のバイオ燃料を燃焼してたくさんの二酸化炭素を発生させてもそれは二酸化炭素排出量に計上されないからである。しかし実際は，完全なカーボンニュートラルが達成不可能であることは上で見たとおりである。

96

—— コラム　生分解性ポリマー ——

　燃料だけでなく，バイオマス資源を素材として利用しようという試みもある。た
とえば，トウモロコシやサトウキビに含まれる多糖類を原料として"ポリ乳酸"と
いう高分子化合物（ポリマー）が開発された。これは，プラスチックの一種であ
り，使い捨てされる容器などへの利用が考えられる。通常のプラスチックと異な
り，使用後はバクテリアによる生分解を受けて二酸化炭素と水になってしまうから
である（第6章6-3節，p.114参照）。このようなポリマーを，**生分解性ポリマー**
という。生分解で発生する二酸化炭素の量は，原料の植物が吸収した量と同じであ
る。ただし，このような植物から作られる物質であっても，製造や運搬の際に化石
資源などから得られるエネルギーを消費し，余分の二酸化炭素を出すことに注意し
よう。

5-5 地 熱 発 電

　地球内部には高温のマグマが存在するが，火山地帯では温度 1,000℃ ほどの
マグマだまりが比較的地表に近いところ（地下数 km〜20 km）にある。この
ため，しみ込んだ雨水などが熱せられ高温の湯となって湧き出てくる。これが
温泉である。このようなところでは，穴を掘ってパイプをつっこむと溜まって
いた高温高圧の水蒸気が噴き出す場合がある。**地熱発電**は，この水蒸気の力で
発電機を回して発電する。地熱発電の長所は，太陽光発電や風力発電などと異
なり，自然条件にほとんど左右されない点である。天候，季節，時刻にかかわ

表 5-3　各国の地熱発電の累積発電容量（2019 年）

順位	国名	容量（MW）	割合（%）
1	アメリカ合衆国	2,555	18.3
2	インドネシア	2,131	15.3
3	フィリピン	1,928	13.8
4	トルコ	1,515	10.9
5	ニュージーランド	965	6.9
6	メキシコ	936	6.7
7	ケニア	823	5.9
8	イタリア	800	5.7
9	アイスランド	753	5.4
10	日本	525	3.8
	世界計	13,931	100.0

BP Statistical Review of World Energy 2020 より

5　次世代エネルギー　97

らずいつでも一定量の発電が可能であるのは，自然エネルギーを利用した発電のうち，唯一，地熱発電だけであると言える。

　わが国は火山国であり，20世紀の初め，大分県で日本最初の地熱発電に成功して以来，全国各地で開発が進められた。1960年代から各地で本格的な地熱発電所の操業が始められ，現在，ホテルなどの自家用発電を含め全国で19基が稼働している。興味深いことに，19基のうち6基が九州の阿蘇から九重にかけての火山地帯に集中している。しかし，表5-3にあるように，火山の多さに比べ，わが国の地熱発電開発は低いレベルにある。また，2000年以降実質的に新規導入はない*。太陽光発電や風力発電に比べ技術的により困難で，また適地が限られることが伸び悩みの要因である。

5-6 │ 自然の力の利用

　以上の節で，自然のエネルギー源として，太陽光，風力，バイオマス，地熱を取り上げ，その利用法について見てきた。地球上には，これらのほか，さまざまな自然の力による動きがある。動きがあるということはエネルギーを持っているということであるが，このような自然のエネルギーはそのままのかたちでは使えない。そこで，これらを私たちが使えるかたちのエネルギー（例えば電気エネルギー）に変換する試みが種々なされており，一部は実用化されつつある。ここでは，利用可能性の観点から有望と思われる自然のエネルギーをいくつか紹介する。

潮汐発電（ちょうせき）　海は基本的に一日二回，満潮と干潮のサイクルを繰り返している。これは，おもに月の引力の作用によるものである。**潮汐発電**は，こうした潮の動きを利用して電気エネルギーを得る。原理を図5-6に示す。湾の入り口を水門を付けた堤防で仕切っておけば，潮が満ちるときは外洋から貯水池へ，引くときは貯水池から外洋への水流が生じる。この水流でタービンを回して発電機を回す。このように潮汐発電はかなり大規模なものであり，その建設に当たっては魚などの生態系に対する影響をじゅうぶん考慮せねばならない。

---

*　表5-3に掲げられた国のうち，わが国のほか，フィリピン，イタリア，メキシコにも2000年以降の新規導入はない。

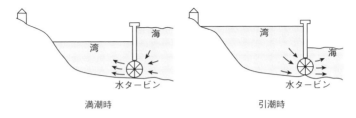

図 5-6　潮汐発電の原理
(『最新エネルギー用語事典』, 朝倉書店を参考にした。)

　また狭い海峡では，潮の干満に伴って一日二回，潮の流れの向きが変わる。流れは海峡が狭いほど速い*。この流れで水車を回せば，発電機を動かすことができる。このタイプの発電は，特に**潮流発電**と呼ばれることがある。わが国では，潮流の激しいことで知られる関門海峡に小型の潮流発電機を設置し，2011年から実証実験が続けられている。

鳴門の渦潮（鳴門市商工観光課提供）

波力発電　　海の波打ち際に発電所を建設し，波の運動を何らかの方法で発電機に伝える。防波堤をまるごと波力発電設備にすることも考えられる。わが国ではいくつかの実験プラントが動いており，船のように海に浮かべるタイプも実験中である。港に浮かべるブイの灯りを，ブイ本体に組み込んだ小型発電機による電力で点灯するという，ごく小規模な波力発電はすでに実用化されている。

温度差発電　　熱エネルギーを運動エネルギーに変換するためには，「温度差」が不可欠である（第2章2-2節, p. 28参照）。このことは，

＊　徳島県の鳴門海峡では，潮流の向きが変わるときに潮がぶつかり合って渦を生じる。これが，観光名物の"鳴門の渦潮"である。

言い方を変えると，「温度差」があれば運動エネルギーが得られるということになる。この発電は必ずしも自然エネルギーの利用ではないが，ここで触れておこう。

　生産地からタンカーで運ばれてきたLNG（液化天然ガス）は，わが国の受け入れ基地で極低温の液体から常温の気体に戻される（第3章3-5節，p.53参照）。このとき，周囲から熱を奪う。このLNGの「冷熱」と常温の海水との温度差を利用して行う発電は冷熱発電と呼ばれ，全国のLNG受け入れ基地で稼働している。出力は数1,000 kWの中規模発電である。いくつかの方式があるが，例えば常温の海水で気化した熱媒体が発電機のタービンを回し，LNGの気化熱で冷やされて液体に戻される。これを再び海水で気化させる，というサイクルで発電を行うことができる。

　同様に，海の表層の水（20〜25℃）と深さ500〜1,000 mの深層水（約5℃）の温度差をエネルギー源として活用することが考えられている。蒸発しやすい物質を表層の温水で蒸発させてタービンを回し，深層の冷水で液体に戻し循環させる。

　海洋のほか，温泉にともなう温度差，または工場の廃熱による温度差なども原理的には利用可能である。

太陽熱発電　　　広い範囲に降り注ぐ太陽光を鏡などで1カ所に集めれば，水を加熱して水蒸気を発生させることができる。虫眼鏡で太陽光を集めて紙を焦がすのと同じ理屈である。発生した水蒸気でタービンを回して発電機を動かす。これは，太陽のエネルギーの熱エネルギーとしての利用である。現在，日照時間の長いアメリカ・カリフォルニア州やスペインなどで稼働している。1981年香川県に作られた世界初の実験発電所は，期待されるほどの発電量が得られず数年で廃止された。

5-7　自然エネルギー利用の問題点と将来

　これまで，大がかりな設備からごく簡便な装置まで，いろいろな工夫によって，さまざまなかたちの自然エネルギーを取り出せることを見てきた。まだ実験段階にあるものも多いが，一方で太陽光発電，風力発電，および地熱発電は，次世代を担うエネルギー源としての地位を確立しつつある。ここで，こうした自然エネルギー利用の有効性を検証してみよう。

まず，エネルギーを得るには相当する設備（場合によっては「装置」と呼ぶべきもの）が必要であるが，その設置にあたってはなるべくエネルギー消費が少ないことが望まれる。ある設備によって獲得されるエネルギーが，その設備の製造，運搬，設置などで消費されるエネルギーを大きく上まわって初めて省資源に寄与できるからである。その設備によって取り出すことのできるエネルギーの量（発電量など）は使用する期間の長さに依存するから，設備の耐用年数（寿命）はきわめて重要な要素である。

次に，環境への影響という点も考えねばならない。自然のエネルギーを利用した発電は，“地球に優しい発電”と見なされるが，大なり小なり自然に改変を加えるものであるので環境への影響は避けられない。建設の前に，これらの発電を行うことで起こり得るあらゆる事柄を想定し，それらの事柄をさまざまな角度からじゅうぶん検討すべきである。どのような場合においても，不可逆的な悪影響の出ないように注意する必要がある。

5-8 燃料電池

ここで，地球上の有限な資源をより有効に使うための工夫として注目されている**燃料電池**について，考えてみよう。

水（H_2O）を電気分解すれば水素ガス（H_2）と酸素ガス（O_2）が得られる（(5-1) 式）[*1]。つまり，水は電気エネルギーをもらうと水素と酸素に分かれる。このことは，水の状態（(5-1) 式の左辺）より，水素と酸素の状態（(5-1) 式の右辺）のほうがエネルギーが高いことを意味する。この反応の逆反応を行わせると，この反応はエネルギーの高い状態（$2H_2+O_2$）からエネルギーの低い状態（$2H_2O$）への変化なのでその差に相当するエネルギーが放出される（(5-2) 式）。このエネルギーを電気エネルギーのかたちで取り出す装置が，燃料電池である。燃料電池とは，電気を溜めるものではなく，一種の“発電機”なのである。その原理を，図 5-7 に示した[*2]。

燃料電池の特徴のひとつは装置が比較的小さいことである。したがって，乗

[*1] 電気分解を起こすためには，溶液に電気が流れなくてはならないので電解質が必要である。したがって，水の電気分解には，純水ではなく水酸化ナトリウムなどの水溶液を用いる。

[*2] 燃料電池では，その仕組みから，負極を「燃料極」，正極を「空気極」と呼ぶことがある

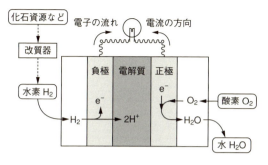

図5-7 燃料電池の原理

用車に搭載して利用することもできる。実際，燃料電池で作り出した電力でモーターを回して走る**燃料電池車**は既に実用化されている（第6章6-6節, p. 124参照）。

$$2H_2O \xrightarrow{\text{電気エネルギー}} 2H_2+O_2 \qquad (5-1)$$

$$2H_2+O_2 \xrightarrow{\hspace{2cm}} 2H_2O \qquad (5-2)$$
$$\text{電気エネルギー}$$

燃料電池の"燃料"は水素 H_2 と酸素 O_2 である*。このうち酸素は大気中に約20%含まれおり（地球上で利用する限り）簡単に外界から取ることができる。これに対して，水素は天然に存在するものではないので，燃料電池を働かせるためには何らかの方法で水素を調達する必要がある。水素を手に入れるためにいくつかの方法が考えられる。ひとつは，工場などで副生物として発生する水素の利用である。たとえば，製鉄所では製鉄に必要なコークスを石炭から得る際，石炭ガスと呼ばれるガスが発生するが，これには水素が含まれる（第3章3-6節, p.56参照）。また，電解法による水酸化ナトリウム（苛性ソーダ）製造においても水素が発生する。このような水素は，燃料電池の登場以前からあったもので，従来はそのまま工場内や近隣で通常の燃料として燃やすことで消費されてきた。こうした水素は燃料電池の"燃料"として使えるので，これらをどう「運搬」するかが課題となる。一方，燃料電池用の水素の安定供

---

* 水素の代わりに，メタノールを直接の"燃料"とする燃料電池の開発研究も行われている。

102

給という観点から，以下のような方法で水素が製造されている。そのひとつは，天然ガスや石油の成分である炭化水素などから作るもので，この過程は**改質**と呼ばれる。また，もう一つの方法として，水を電気分解することによって純粋な水素を得ている。

　燃料電池のひとつの特徴は，その使用に当たって水以外のものを排出しないことである。このことから，燃料電池は完全に"クリーン"なエネルギー源と見なされるかも知れない。しかし，炭化水素の改質によって水素を得るとき，最終的に二酸化炭素（CO_2）と水（H_2O）が必ず発生することに注意したい。燃料電池での発電で酸素を消費するので，結局，燃料電池で電気エネルギーを得るための正味の物質変換は，炭化水素と酸素から二酸化炭素と水ができる過程となる。これは，炭化水素を燃焼してエネルギーを取り出す過程での物質変換とまったく同じである[*1]。

　それでは，燃料電池の利点とは何だろうか。炭化水素を燃焼すれば熱エネルギーが発生する。第4章4-3節（p. 72）で見たように，火力発電では，この熱エネルギーを運動エネルギーに変え，それを最終的に電気エネルギーに変換している。また，自動車は，エンジンの中でガソリンなどの炭化水素を燃焼することによって最終的に運動エネルギー（動力）を得ている。ここで，第2章2-2節（p. 28）で述べた熱力学の法則を思い出そう。それは，熱エネルギーから運動エネルギーの変換では，変換効率はある上限を越えることができないというものであった。言い換えると，ある割合のエネルギーを無駄にしない限り，熱エネルギーで仕事をさせることはできない。ある資源の持つ化学エネルギーを利用するとき，熱エネルギーを経由する限りこの熱力学的制約から逃れることはできず，その資源の持つエネルギーのかなりの割合が失われてしまう。ところが，燃料電池にはそのような熱力学の制約がない。したがって化石資源である炭化水素から，非常に高い効率で電気エネルギーを得ることが可能なのである[*2]。実際は現在の燃料電池では，化石資源の持つ化学エネルギーの利用効

---

*1　簡単のため，ここでは炭化水素の改質のみに話を限った。メタノールなど，他の物質の改質による水素製造も行われている。その場合でも，正味の物質変換は，その物質を通常の燃料として燃焼したときと変わらない。

*2　水素と酸素の持つ化学エネルギーが電気エネルギーに変換される際の理論効率は，エントロピー項に基づく損失があるので，25℃ で83% となる。

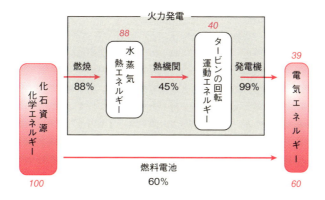

図 5-8 化石資源の化学エネルギーから電気エネルギーを得る
％ は各段階のエネルギー変換効率。斜体数字は、もとの化石資源の化学エネルギー量を 100 としたときのそれぞれのエネルギーの量。電気エネルギーへの変換効率（エネルギーの利用効率）は、燃料電池では 60% であるが火力発電は 39% しかない。

率（化学エネルギー→電気エネルギーの変換効率）は 60% 程度であるが、それでも火力発電における効率（約 40%；第 2 章 2-2 節，p. 27 参照）よりずっと高い。このことを、図 5-8 に示した。このように、燃料電池は化石資源の化学エネルギーを効率よく使う装置であることに注目しよう。

コラム　家庭用燃料電池

　いくつかのガス供給会社などが共同して普及推進に努めているのが、エネファームという愛称で呼ばれる家庭用燃料電池である。これは、一般家庭に供給される都市ガス（＝天然ガス，すなわちメタン）を改質して水素を作り出す装置と、この水素を燃料として燃料電池で発電する装置の 2 つからなっている。こうして得られた電力で家庭内消費電力の一部をまかなう。加えてこの装置では、改質や発電の際に発生する排熱を給湯や暖房に利用するコジェネレーションシステムを採用することで、さらに天然ガスのエネルギー利用効率を高めている。メーカーでは、天然ガスの利用効率は、火力発電所で燃やして発電する場合の 2 倍以上の 87% にもなると謳っている（大阪ガス HP（2018）より）。

ノート5　太陽の恵み

　太古の昔，太陽は人々の崇拝の対象であった。日本の天照大神（あまてらすおおみかみ），ギリシャのアポロンなどを引き合いに出すまでもなく，世界中の神話に太陽の神様が登場する。太陽はそれほど，世界のどこにあっても，私たちの生活に密接に結びついたものだったのである。現代の生活においても，もちろん太陽は重要である。第4章で見た発電ということだけを考えてみても，電気エネルギーを得るために私たちは太陽のエネルギーにどれほど依存しているかが分かる。太陽光発電や太陽熱発電はもちろんのこと，風力発電や，風のもたらす波の力による波力発電も，太陽の恵みによるものである。風とは，太陽熱で地面が温められた結果，地面付近の空気が軽くなって上昇し，そのあとへ空気が流れ込んで生じるものだからである。

　また，水力発電は高いところにある水の位置エネルギーを利用したものであるが，水を高いところに汲み上げてくれるのは太陽である。山の水は，海面が太陽熱によって温められることによって海水が水蒸気となって上昇し，やがて雲となり雨となって降り注いだものである。

　一方，石炭，石油，天然ガスなどの化石資源は太陽エネルギーを受けて成長した太古の生物が変質してできたものであるので，火力発電も太陽の恵みによっていると見なせるかもしれない。しかし，これらの生物が育ったのは数億年の昔であり，上で述べた太陽光発電，太陽熱発電や水力発電と同じ意味で論ずることはできない。化石資源は人類の歴史の長さよりずっと長い時間をかけて作られたものであり，人類のタイムスケールで測れる時間で再生することはない。

　近年，生物起源のエネルギーであるバイオマス・エネルギーに注目が集まっている。バイオマス・エネルギーの源は，植物が光合成によって自らの体に有機物のかたちで蓄えた太陽のエネルギーである。したがって，バイオマス・エネルギーを利用するということは，元をたどれば太陽のエネルギーを利用することになる。そして，バイオマス・エネルギーを利用した（バイオマスを燃料などに使った）あとに残るのは二酸化炭素と水だけであり，これらの物質は光合成を通じて再び植物のからだになる。つまり，バイオマス・エネルギーは，尽きることのない再生可能エネルギーとしてその利用が進めら

太陽の恵み

れているのである。

　しかし，バイオマス・エネルギーの利用そのものは，新しい発想ではない。それどころか，産業革命に至るまで，人類が使ってきたエネルギーはほとんどが"バイオマス・エネルギー"であった。熱エネルギーや光エネルギーの源がほとんどすべて生物由来のものであったことを思い出そう。それを，今私たちは，再び見直しつつあるに過ぎない。化石資源やウラン資源など，地球の地下資源の枯渇という，確実に訪れる未来を想像したとき，結局，私たちの生き残る道は，太陽のエネルギーに頼った生活に戻ることしかないのかも知れない。

　ただしそれも，生活ぶりをずっと質素なものにするという前提つきの話だが・・・。

環境問題とエネルギー問題

　これまで見てきたように，私たち人類が生きていくためには，何らかのエネルギーを消費し続けなければならない。エネルギーを消費すると，必ず「かす」が出てくる。これには，形のあるものだけでなく"廃熱"といった形のないものも含まれる。これら「かす」は，地球環境に何らかの影響を及ぼさざるを得ない。つまり，私たちが生きるということは，地球に，ある負担を強いることを意味する。こうした地球環境への影響をより少なくするには，「かす」を減らせばよい。そのための方策の一つはエネルギー消費量を減らすことであり，また別の方策として廃棄物の再利用を計ることが考えられる。

　この章では先ず，私たち人間の活動が地球環境に具体的にどのような影響を与えているのかを考える。そして次に，こうした影響を少なくする具体的方策について考えよう。

6-1 化石資源の消費と気候変動

　第2章で見たように，化石資源をエネルギー源として利用するということは，これらが持っている化学エネルギー（内部エネルギー）を何らかのかたちで取り出すことである。化石資源の成分である炭化水素はエネルギーの高い状態の化合物であり，それをエネルギーの低い状態の化合物である水（H_2O）と二酸化炭素（CO_2）に分解すれば，その差に相当するエネルギーが発生する。こうした分解の最も簡単な手段は，それを燃やすことである。実際多くの場合，化石資源を燃焼することで私たちはエネルギーを得ている。燃焼に限らず，化石資源からエネルギーを取り出すとき必ず二酸化炭素が発生する。近年，こうして発生した二酸化炭素が地球温暖化をはじめとする気候変動をもたらしている

のではないかという疑念が出ている。ここで，化石資源の消費と気候変動との関わりについて考えてみよう。

地球温暖化とは　地球は，太陽熱で暖められる一方，赤外線を放出して熱を逃がし，その収支のバランスで全体の気温が一定に保たれる。その結果，今の地球の平均気温は15℃ほどで一定している。この温度になっているのは，地球大気中に二酸化炭素や水蒸気（気体の水）が含まれるためである。これらの気体は赤外線の放出を抑える働きがあり，そのため地球の冷え過ぎを防いでいる。地球全体をすっぽりと覆って，私たちの地球を暖かな，生物に適した環境に保ってくれているのである。あたかも温室のガラス屋根（または，ビニールハウスのビニール）のような働きをしているので，これらの気体を**温室効果ガス**と呼んでいる*。もし大気中にこれら温室効果ガスがなかったら，地表の平均温度はもっと低い温度で一定していたはずである。見積もりによると，その温度はマイナス19℃にもなる。

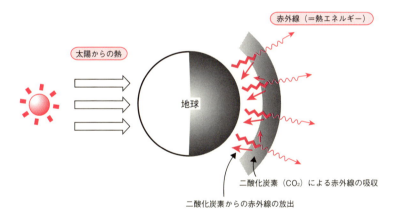

図6-1　二酸化炭素による温室効果

このような仕組みで地球の平均気温はほぼ一定に保たれていたが，これが18世紀半ばの産業革命を境に上昇し始めた。温度上昇の割合は100年間で1℃程度に過ぎないが，図6-2に見られるとおり上昇傾向は明らかである。これが，**地球温暖化**と言われる現象である。なぜ，このような気温上昇が起こったのだ

---

*　温室効果ガスとしては，メタンやフロンもあげられる。

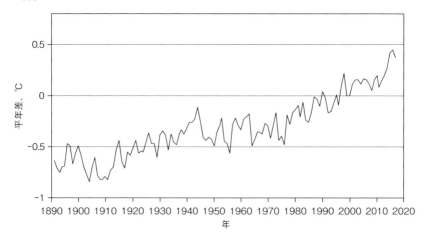

図 6-2　世界の年平均気温の変化

陸域における地表付近の気温と海面水温の平均値を1981〜2010年の平均からの偏差で示したもの。100年あたり約 0.73℃ の割合で上昇していることが分かる。（気象庁 HP（2016/12/13 更新）のグラフを改変）

ろうか。

　南極などの氷に閉じこめられた空気を分析することによって、過去の地球大気の組成を知ることができる。図 6-3 は、そうして調べられた二酸化炭素濃度の年ごとの変化を示している。この図で分かるとおり、二酸化炭素濃度は産業革命前夜の 1800 年頃までほとんど変動していないが、その後の 200 年間で 20% 近く増加している[*]。このようにして、地球の気温上昇が大気中の二酸化炭素濃度の増加と相関していることが分かった。このことは、二酸化炭素が地球温暖化の主な原因物質であることを疑わせる。つまり、二酸化炭素の増えすぎによる余分の温室効果が起こった結果、地球が暖かくなってきたという考えがなりたつ。上で述べたように水蒸気も地球を暖かく保つ効果を発揮し、その大気中の濃度は二酸化炭素よりずっと高いが、これが問題にならないのはその濃度が変動せず一定だからである。

地球温暖化のもたらすもの　　地球の気温上昇がこのまま続くなら、南極やグリーンランドの氷床が融解し、また海水じた

---

[*] 温室効果ガス世界資料センター（WDCGG）の解析によると、2020年の世界の二酸化炭素平均濃度は 413 ppm であった。1800 年当時と比べると、実に 50% 近い上昇である。

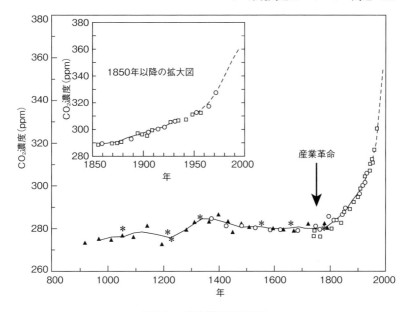

図 6-3 二酸化炭素濃度の変化
図中の点は，南極などの氷を分析して得られたデータ。点の種類の違いは採取地の違いを示す。1958 年以降の破線は，ハワイ・マウナロア山における大気の直接分析によって得られたもの。二つの異なる測定法で得られたデータがなめらかにつながっていることは，データの信頼性の高さを保証している。

いの熱膨張も起こるので海面が上昇すると推測される。このことは，海岸沿いの海抜の低い地方に何らかの影響を及ぼすであろう。また，気温の上昇によって農作物の収穫量が減り世界規模の食糧難に陥るおそれもある。さらに，マラリアなど熱帯地方特有の病気が，人口の集中している温帯地方にも蔓延することが危惧される。このように，地球温暖化は全地球規模の影響をもたらす。

現時点で，地球温暖化の"犯人"として，二酸化炭素はきわめて疑わしい。しかし，二酸化炭素濃度の増加と気温上昇との相関は"二酸化炭素犯人説"の状況証拠に過ぎない。何らかの原因で地球が温暖化した結果，大気中の二酸化炭素濃度が増加したという逆の推論も可能かも知れない*。とはいえ，「地球温暖化防止」というスローガンのもと二酸化炭素排出量の削減を目指すことは

---

* 気体の液体への溶解度は温度が高いほど小さくなる（ヘンリーの法則）ので，地球が温暖化して海水温が上昇すると二酸化炭素の溶解度が減少し，それに応じて大気中の二酸化炭素濃度が増加すると考えることもできる。

地球温暖化対策の流れ

地球温暖化は全地球規模の問題であり，その対策には全世界の国々が協力して取り組む必要がある。そのため，1995年から毎年，「気候変動枠組み条約（温暖化防止条約）締結国会議（Conference of Parties＝COP）」という国際会議がもたれている。1997年には，150ヵ国以上の参加のもと，日本の京都で第3回会議（COP3）が開かれ，いわゆる**京都議定書**が採択された。これは，2012年を約束期限とし，CO_2 など温室効果ガスの総排出量の削減目標値を国ごとに定めたものである。

ところが，当時の CO_2 最大排出国アメリカは，自国の経済発展を優先させるとして2001年に京都議定書の取り決めから離脱してしまった。さらに，2010年頃を境に CO_2 最大排出国に躍り出た中国は，当初より「発展途上国」という枠組みの中でいっさいの制約を受けることなく CO_2 を排出し続けることを許された。このような状況を見た先進諸国の中には不満がくすぶり続け，約束期限の2012年を目前にしてもほとんどの国が削減目標の達成は不可能な状況にあった。このような事態を打開するため修正案も協議されたが，結局，各国間の足並みはそろわず，事実上京都議定書は破綻した。

京都議定書に代わる温暖化対策の国際合意として，2015年12月パリで開催されたCOP21において**パリ協定**が採択された。これには，京都議定書の失敗の反省に立った新しい発想が取り入れられている。つまり，温室効果ガスの削減目標をお互い監視し合うのではなく，各国が独自に定めた削減目標に向けて努力し仮に目標が達成できなかったときにもペナルティは課さないというものである。新しい協定のもとでの国際協力が期待される。

コラム　地球における炭素の循環

第1章で述べたように，植物は二酸化炭素（CO_2）を光合成によって有機物に変換し自らの体に固定する。動物はその植物を食べ，有機物を二酸化炭素に分解して大気中に放出する（第1章，図1-2，p. 9参照）。このような生物圏における炭素循環は，地球大気中の二酸化炭素濃度を一定に保つ一つの要因である。ただし，二酸化炭素は，これ以外の過程でも大気中に放出されたり大気中から取り除かれたりしている。たとえば，火山活動によっても二酸化炭素は大気中に放出される。逆に，地球に広がる海は二酸化炭素の大きな貯蔵庫になっている。二酸化炭素は水に溶けやすく，こうして水に溶けると炭酸カルシウム（$CaCO_3$）となって珊瑚礁や貝の殻などとして固定される。

このように，全地球規模で起こる二酸化炭素の生成と消滅は数々の過程の絡み合ったきわめて複雑なものである。このことが，地球温暖化における二酸化炭素の役割をめぐる議論を，非常に込み入ったものにしている。

意味がある。それは，限りある化石資源を無駄遣いすることなく，なるべく有効に使おうという取り組みに直接つながるからである。いずれにせよ，近年の気候変動が私たち人類によってもたらされたものであるなら，人類はその結果

二酸化炭素が温室効果を引き起こすわけ

分子は，いくつかの原子が共有結合で結びついてできている。共有結合は剛直なものではなく，分かりやすくたとえればバネのようなものである。つまり，分子の中では原子間の結合距離が伸びたり縮んだり，また結合角が広がったり狭まったりという動きが絶えず起こっている。このような動きをそれぞれ，伸縮振動，変角振動と呼んでいる。これら振動の振動数は結合の種類によって固有の値を持つが，ちょうどその振動数に相当するエネルギーを持った電磁波（光）が当たるとこれを吸収する。ある分子の振動が，熱の源となる赤外線を吸収すると，その分子は熱が地球外へ逃げるのを妨げる効果を発揮する。

二酸化炭素（CO_2）の分子は，図 6-4 に示すような直線構造している。気体である二酸化炭素の分子は自由に飛び回っているが，同時に伸縮振動や変角運動をしていて，このうちの一つの振動（変角振動 ν_2）が 8.0 kJ/mol（波長 15 μm）のエネルギーを吸収する。このエネルギーが地球から熱放射される赤外線のエネルギーに相当するので二酸化炭素は温室効果を発揮するのである。

一方，大気中の大部分を占める酸素（O_2），窒素（N_2）は赤外線を吸収しないので温室効果を発揮しない。

O=C=O
二酸化炭素分子

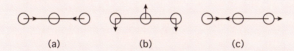

図 6-4 二酸化炭素分子の構造とその振動
(a) ν_1 全対称伸縮振動 (b) ν_2 変角振動 (c) ν_3 逆対称伸縮振動

のすべてに責任を負わねばならない。何の対策を講じないまま放置することはできない。

6-2 廃棄物はどのように処理されるか

私たちは常に"ゴミ"を出しながら生きている。人間の生存そのものが廃棄物を出す過程なのである。このようなことを考えると，私たちは廃棄物のゆくえに無関心でいるわけにはいかない。現在，廃棄物はどのように処理されているのだろうか。また，将来どのように処理すべきなのだろうか。

廃棄物処理の問題点　　かつて私たち人類は，さまざまなものを上手に再利用していた。産業革命以前（日本で言えば，明治維新以前）の生活がそうである。江戸時代の日本人の暮らしを想像してみよう。この頃の日本では，完璧なリサイクル社会ができあがっていた。食物のカスであ

るいわゆる"生ゴミ"をはじめ，かまどの灰や屎尿（動物の尿）に至るまで，ほとんどすべてのものが有用な資源として再利用されていた。灰は肥料になったほか，アルカリとして酒造，製紙，染色，繊維製造などに不可欠なものであった。また，屎尿はたいへん有効な肥料であった。このような社会では，廃棄物は資源となり資源は廃棄物になる，という大きなサイクルが回っていたことになる。

　しかし，現代はまったく逆の社会になってしまった。人間の活動に伴う廃棄物は，資源になるどころかそれを処理するためにさらにエネルギーを消費している。家庭から日々出される生ゴミから，工場で排出される産業廃棄物（産廃）に至るまで，"ゴミ"の種類は実にさまざまである。現在，そのかなりの部分が再び使われることなく何らかの形で処分されている。

　"ゴミ"が資源として再利用しにくいひとつの理由は，雑多なものが混ざってしまって分けられなくなっているということである。しかし，それ以上に根本的な理由として，**"ゴミ"というものはエネルギーを取り出した残りカスである**という事実があげられる。第2章2-4節（p. 35）で触れたエネルギー論に関する言葉で表現するなら，"ゴミ"は「使い勝手の悪いエネルギーの状態」つまり，「エントロピーの大きな」状態になったものなのである。したがって，これらを再び利用可能なものにする（つまり，エントロピーを小さくする）ためには，エネルギーを注入しなければならない。言い換えると，資源の再利用（＝リサイクル）にはエネルギーが必要なのである（図6-5）。

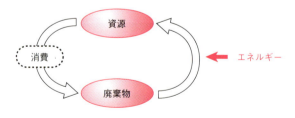

図6-5　資源と廃棄物の循環

　ここで再び江戸時代の日本を考えてみよう。すでに述べたように，この時代，廃棄物はほぼすべて資源として再利用されていた。廃棄物を資源に戻すにはエネルギーが必要であるが，当時は化石資源は使われていないので，使われたエネルギーは究極的には太陽のエネルギーのみであった。当時の人口と生活水準

6 環境問題とエネルギー問題　*113*

からして，これだけのエネルギーでじゅうぶんだったのである。一方，現代では4倍あまりの数の人間がそれぞれ膨大なエネルギーを消費し，同時に膨大な"ゴミ"を出しながら生活している[*1]。したがって，こうした"ゴミ"をすべて再利用可能な資源に戻すためには，大量のエネルギーが必要となる。太陽のエネルギーに由来する自然のエネルギーをいかにうまく利用したとしても，それだけではじゅうぶんではない。

　さらに別の問題として，処分の際の安全に十分配慮する必要がある。廃棄物は，それ自体が有毒である場合もあるし，また焼却処分したときに有毒物質を発生してしまうこともある。したがって，廃棄物を処理するに当たっては環境汚染を引き起こさないような対策を取らなくてはならない。

廃棄物再利用の取り組み

　　　　　　　　　　　　上述のように，廃棄物をすべて元の資源に戻そうとすれば大量のエネルギーを消費してしまう。しかし，だからといって廃棄物の再利用に意味がないということにはならない。地球上のあらゆる資源は有限であるという事実を考えれば，"リサイクル"の試みは大いに意味があると言える[*2]。特に，希少資源の再利用は重要である。たとえば，スマートフォンや携帯電話には，金，銀などの貴金属や，リチウム，ベリリウム，ガリウムといった**レアメタル**（希少金属）が使われており，これらは廃棄処分されたスマートフォンなどから回収される[*3]。

　廃棄物から資源を回収するときに第一に考慮されるのは，その回収率である。現代社会にあっては，回収が経済的に見合うかどうかが重要である。回収率が高いほうが，当然「儲け」は大きくなる。しかし，資源の回収は，地球上の資源の節約という立場に立って，もっと広い視野から考えるべきである。

　リサイクルをすることのもう一つのメリットとして，廃棄物の量を減らせるということが挙げられる。実際，国土の狭いわが国にあってはゴミ処理場の確保が困難であり，そのことがリサイクルを推し進める大きな要因となっている。わが国では，民間レベルでさまざまな材料，製品のリサイクルが行われている

---

*1　江戸時代中期〜後期の日本の人口は，3,000万人程度であった。

*2　ただし，後に述べるように，リサイクルが絶対的な善であると考えることは危険である。

*3　わが国は資源の乏しい国であり，レアメタルはまったく産出しない。この意味からしても，スマートフォンやパソコンからの金属資源回収はもっと推進されるべきである。

表6-1 リサイクルに関連する法律†

制定年	法 律 名
1992	産業廃棄物の処理に係わる特定施設の整備の促進に関する法律
1993	環境基本法
1995	容器包装に係わる分別収集及び再商品化の促進等に関する法律
	（通称＝容器包装リサイクル法）
1998	特定家庭用機器再商品化法（通称＝家電リサイクル法）
2000	建設工事に係わる再生利用等の促進に関する法律（通称＝建設リサイクル法）
2000	食品循環資源の再生利用等の促進に関する法律（通称＝食品リサイクル法）
2000	資源の有効な利用の促進に関する法律（通称＝改正リサイクル法）
2002	使用済自動車の再資源化等に関する法律（通称＝自動車リサイクル法）
2012	使用済小型電子機器等の再資源化の促進に関する法律（通称＝小型家電リサイクル法）

† 環境省 HP（2018）「廃棄物・リサイクル対策」の資料をまとめた。

が，政府も各種分野でのリサイクルを促進すべく，表6-1にあるような法律を制定している。この中で，1998年に制定されたいわゆる「**家電リサイクル法**」は，テレビ，冷蔵庫，エアコン，洗濯機の4品目につき，事業者だけでなく消費者にもリサイクル費用の負担を義務づけたという点で画期的なものである。比較的新しいところでは，使用済みのデジタルカメラやゲーム機などに使われている金属類の再資源化を促進する目的で，「小型家電リサイクル法」が2012年に制定された。

　リサイクルはさまざまな種類の材料に関して取り組むべき課題であるが，それらの中で，プラスチックと紙の再利用について次節以降で述べたい。

6-3 プラスチックの再利用

"丈夫で長持ち"
の利点と欠点

　木や紙などの有機化合物（有機物）は放置すればやがて腐って形がなくなる。土の中や天然水（川や池など）の中に多く存在するバクテリア（微生物）によって分解され，最終的に水と二酸化炭素になるからである。バクテリアは，自ら増殖するため有機物を"食べる"のである。これを**生分解**という。それでは，プラスチックはどうだろうか。プラスチックも石油などから作られる有機化合物である。しかし，通常の状態で放置してもほとんど生分解されることはない。プラスチックは，炭素原子などが数千個から数万個，鎖のようにくっついた**高分子化合物**である（第3章3-1節，p. 44参照）。このような構造を持つ化合物は天

然には存在せず，だからこそプラスチックは天然素材にない有益な性質がある
わけであるが，その一方，天然に存在しない物質なので，これを"食べる"
（つまり，分解する）バクテリアが存在しないのである[1]。いったん環境中に
流出した廃プラスチックは，やがて物理的に細かくなっていくが，物質として
のプラスチックは分解されずいつまでも残る。実際，こうした微細なプラスチ
ック（**マイクロプラスチック**）が魚など海洋生物の体内から見つかっており，
陸上を含めた大小の野生動物に致命的なダメージを与える可能性が指摘されて
いる。

　このように，プラスチックという物質は，環境中でそのままの形でいつまで
も存在できるという特徴を持っている[2]。"丈夫で長持ち"ということである。
これはプラスチックの利点であるが，また欠点ともなる。つまり，プラスチッ
クが不要になったとき，自然のままでは分解されることがないので，何らかの
方法で処分する必要がある。どのような方法で処分するにせよ，そのためにエ
ネルギーを注ぎ込む必要があることを忘れてはならない。

　プラスチックの主な処分法として，主に二つの方法が取られている。その一
つは，ゴミ処分場への廃棄である。しかし，この方法では処分場近辺の環境汚
染のおそれがある。また，新たな処分場を確保するのが，特に国土の狭いわが
国ではむずかしい情勢である。もう一つの処分法は焼却処分であるが，この場
合，燃焼の条件によっては有毒物質が生成する可能性がある。また燃やすとい
うことは，プラスチックの分子を形づくる炭素原子の鎖を全部バラバラに切っ
てすべての炭素資源を二酸化炭素に変化させてしまうことである。二酸化炭素
になってしまうと，再びそれをつないで炭素原子の鎖を作るのはきわめて困難
である。プラスチックの原料は石油などの化石資源であるから，焼却処分はこ
うした貴重な資源の不可逆的消費を意味する。

---

[1]　生物由来の物質を原料とする"プラスチック"が開発されている。これらは，環境中で容易に
　　生分解されて二酸化炭素と水になるので，**生分解性ポリマー**と呼ばれる（第5章5-4節，p.96参
　　照）。
[2]　金属類は長い時間かけて空気酸化を受け金属酸化物となる。すなわち，いつしか錆びてぼろぼ
　　ろになる。このことを考えると，プラスチックの耐久性が際だった性質であることが分かる。

表6-2 主なプラスチックのリサイクルマーク†

名称	略号	リサイクルマーク
ポリエチレンテレフタラート	PET	① PET
高密度ポリエチレン	HDPE	② HDPE
ポリ塩化ビニル（塩ビ）	V（PVC）	③ V
低密度ポリエチレン	LDPE	④ LDPE
ポリプロピレン	PP	⑤ PP
ポリスチレン	PS	⑥ PS
その他のプラスチック		⑦ OTHER

† 第3章，表3-1（p.43）を参照のこと。

プラスチック再利用の方法と問題点

そこで現在，廃プラスチックを何らかの方法で再利用するためのさまざまな試みがなされている。最も簡単な方法は，廃プラスチックを回収し，それを融かしてまた新たな製品に作り替えることである。多くのプラスチックは**熱可塑性樹脂**であり*，熱をかけると融けるので，溶融成形して製品が作られている。廃プラスチックも同様に溶融して成形加工すればまた新しい製品にすることができる。

しかし，表6-2に主なものだけを挙げたが，プラスチックは用途に応じてさまざまな構造を持つものが作られている。このことが廃プラスチックの再利用を困難なものにしている。プラスチックを融かして新しい製品にするとき，異なった種類のものが混ざり合うと性能が著しく落ちることがある。したがって，種類ごとに分別回収する必要があるが，プラスチックを見ただけで種類を区別するのはかなり難しい。そのため，分別回収をしやすくするよう，プラスチッ

* 熱をかけると硬くなるプラスチックもある。これは，**熱硬化性樹脂**と呼ばれる。

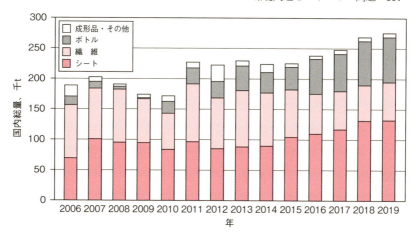

図6-6 再生PETボトルの使い道
「PETボトルリサイクル推進協議会（2020年）」のデータに基づいて作図。

ク製品にはそのプラスチックの種類を示すリサイクルマークがついている。これらのマークも表6-2に示してある。飲料などの容器であれば，容器本体は〇〇，ラベルは〇〇，キャップは〇〇，というふうに細かく区別した表示になっている。プラスチックの再利用は，利用者一人一人がこのマークに従って分別回収を行って初めて軌道に乗る。

　しかし，こうしてプラスチックを再利用できたとしても，回収の過程やプラスチックを融かすときにエネルギーを消費することに注意したい。具体的な例として，ポリエチレンテレフタラート（polyethylene terephthalate）というプラスチックの再利用について述べよう。これは，英語名を略した"ペット（PET）"という名前でお馴染みのプラスチックで，ペットボトルとして飲料の容器に使われている。ペットボトルは他のプラスチックと区別しやすい材質であるので，分別回収が比較的よく行われている。ただし，これを溶融して再び容器に成形しようとすると不純物のため強度が不足してしまうこともあり，多くは繊維（いわゆるポリエステル繊維）やシート（食品用トレイ，錠剤の包装紙（ブリスターパック）など）として再利用される（図6-6）。しかし，この過程では，石油から新しい製品を作る場合よりも多くのエネルギーを投入しなければならないという試算もある。この試算によれば，エネルギーの損得勘定という意味では損をしてしまうことになる。

一方，廃プラスチックを再び石油に戻すことも試みられている。石油に戻し燃料に利用しようというのである。しかし，原料の石油からプラスチックを経て再び石油に戻すためには多くのエネルギーを注入しなければならない。プラスチックから石油を再生するために，多くのエネルギーが消費されるということである。

以上のように，**回収して再利用すれば無駄にならないという考えは誤りである**ことを，強調しておこう。資源の再利用によってその消費速度は遅くなるが，資源の消費（減少）そのものを止めることはできない。したがって，**無駄に使わない**という視点を常にもっておかねばならない。

6-4 紙のリサイクル

紙のリサイクルは森林の保護と密接に結びついているので，全地球規模の課題といっても過言ではない。現在，わが国の紙の生産量は 2,600 万トン余りで国民一人当たり 200 kg 余りに相当する。リサイクル率（古紙利用率）は 64%であり，このことは単純に計算して製紙用の植物資源が平均して 2 回以上使われていることを意味する[*]。

紙の利用法のひとつは，情報の伝達，記録である。このような紙には，使用後はインクが付いているのでそれを抜くという作業が必要となる。このような紙のうちで新聞紙は回収率が高く，再び新聞紙として使われたり段ボールにされたりする。しかし，厚い雑誌で背表紙を糊で固めて製本したものは，この糊のため再生しにくくなっている。また，企業などでは機密事項の漏洩を防ぐため書類をシュレッダーにかけることが多いが，こうして裁断された紙は繊維が短くなりすぎて再生紙にできない。

紙は容器としても使われる。牛乳パックは最高級の紙が使われているので，回収が推奨される。防水のためのラミネートは，リサイクルを前提として再生工場で簡単に取れるようになっている。牛乳パックは，主にトイレットペーパーやティッシュペーパーに再生される。ただし，アルミ箔でラミネートされた飲料紙パックは再生しにくい。

---

[*] 公益財団法人・古紙再生促進センター「2017 年古紙需給統計」より。

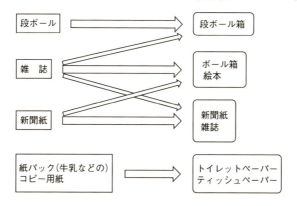

図 6-7 種類別に見た古紙リサイクルの流れ

表 6-3 古紙再生の邪魔になるもの。
これらは，回収古紙に混入させないよう気を
つけねばならない。

紙　類	紙以外のもの
粘着糊のついた封筒	粘着テープ類
ビニールコート紙	金具類（クリップなど）
ワックス加工した紙コップ	フィルム類
防水加工紙	発泡スチロール
感熱紙	セロハン
ノーカーボン紙	プラスチック製品
圧着はがき	ガラス製品
	布

古紙再生促進センター HP より。

　以上は，紙のリサイクルのほんの一部の例である。図 6-7 には，古紙回収の大まかな流れを示した。紙はさまざまな目的をもってさまざまなかたちで使われており，リサイクルの方法も多様である。したがって，古紙を回収に出すとき，私たちが心がけねばならないことは，種類の異なる紙類を混ぜないことである[*]。また，古紙の再生の邪魔になるもの（禁忌品）を混入させないように注意しなければならない。表 6-3 にこれら禁忌品の例を挙げた。

---

[*] 新聞紙と新聞の折り込みチラシはふつうは混ぜても構わない。（自治体によっては不可のところもある）

6-5 リサイクルの落とし穴

どのようなものでもリサイクルして再び使用することは，資源をより有効に利用するという点，および廃棄物の量を減らすという点で意味がある。しかし，リサイクルは資源の節約にどの程度寄与するのだろうか。

ここでまず，リサイクルによる節約には原理的な限界があることに注意しよう。第2章2-4節（p. 34）で述べたように，あらゆる自発的な変化はエントロピーが増大する変化である。すなわち，"使い勝手が悪くなる"方向への変化である。使い古した製品を新しい製品（使いやすい形の製品）に作り替えようとすると，これは自発的な変化の逆であるのでエネルギーを注ぎ込まなくてはならない。これに製品の運搬のためのエネルギーなどを考慮すると，消費するエネルギー量はもっと多くなる。このように，**"リサイクル"とはそれ自体，エネルギー（つまり資源）を消費するものである**ことを強調しておこう。

私たちが陥りやすい誤りは，リサイクルするから無駄にはならないと考えて，かえって消費を増大させてしまうことである。「リサイクル」という言葉が無駄遣いのための免罪符になってはならない。リサイクルは，消費を抑えることを前提として初めて資源の節約という意味を持つ。まず使うこと自体を減らすこと（削減）を考え，つづいて使える物はそのまま何度でも使うこと（再使用）を考慮する。そうしたのちに初めて，資源としてのリサイクル（再利用）を試みるべきである。つまり，Reduce（**削減**）→Reuse（**再使用**）→Recycle（**再利用**）という3つのRの順番を誤らないことが大切である。

6-6 省資源の工夫 *

現代の高度に発達した社会は，太陽からのエネルギーだけでは維持できない。現代社会は，地下に埋もれている資源（化石資源など）をエネルギー源として大量に利用することで成り立っている。利用するということは消費し続けるということであり，消費した資源は元に戻ることはない。したがって，地球に存

＊ 一般には，「省エネルギー（省エネ）」という言葉がよく使われるが，第2章2-4節（p. 35）で述べたように，熱力学の観点から言うとこの表現は正しくない。したがって，この本では代わりに「省資源」という言葉を用いている。

在する地下資源は将来必ず枯渇する。言い換えれば，今の生活が遠い将来まで
そのまま続くことはあり得ない。このことを考えると，現在地球上にある資源
を無駄なく大切に使っていくことは，将来の人類に対する私たちの責任である。

　ここで，資源の節約のためにはどのような方法があるのかを考えてみたい。
これは，個人個人ができることと，国家的規模で取り組む必要のあるものに分
けて考える必要がある。

節電（電力消費を抑える工夫）

　家庭内で一人一人ができる省資源の工夫
として，**節電**がある。電灯やテレビなど，
使っていないときにスイッチをこまめに消すことは誰にでもできる簡単なこと
である。その他，冷蔵庫の中身を整理して開け閉めの回数をなるべく少なくす
る，エアコンの温度を冷房は高めに暖房は低めに設定する，掃除機をかけると
きはあらかじめ部屋を片付けて一気に行う（オンオフの回数を減らす），洗濯
は適正量の洗濯物でのまとめ洗いを心がける，などさまざまな節電法により消
費電力を減らすことができる[*]。こうした努力を最大限実行すると，年間数千

コラム　自販機大国日本

　わが国は自動販売機（自販機）大国である。飲料はじめ，実に多種多様の品物が
自販機で販売されている。また，全国津々浦々，どこでも自販機を見ることができ
る。自販機のこれほどの普及ぶりは，諸外国と比較して最高水準にある。その理由
としてまず，わが国は治安が良いこと（無人でも盗難に遭う危険が少ない）が挙げ
られるだろう。その他，人間の密集する場所が多いこと，人件費が高いこと（有人
販売のほうが費用がかかる）なども要因かも知れない。

　設置台数は 2005 年頃から減少傾向に転じているが，それでも 2017 年の台数は全
国で約 430 万台である[*]。その約半数は飲料用が占めている。台数の減少ととも
に，自販機の低消費電力化が進んだため，自販機の電力消費量の総計は減少してき
ている。それでも，年間の総計は 70 億 kWh 程度と推計される。これは出力
100 kW の原子力発電所が 80% の稼働率で働いたときの 1 年間の発電量に相当す
る。すべての自販機が本当に必要なものかどうか，便利さだけを追究してよいの
か，考える必要があるだろう。

＊　日本自動販売システム機械工業会『普及台数 2017 年版』による。

＊　このような節電法（節電術）は，インターネットなどで多数紹介されており，簡単に知ることが
　できる。

～数万円の電気代が節約できる。しかし、"お金の節約のために節電する"という発想は正当ではないだろう。そんなにケチらずに楽に暮らそうという態度に陥るからである。やはり、子孫のために資源をなるべく節約しようという気持ちを持ち続けることが肝心である。東日本大震災時の電力危機を経験した後は、こうした個人の節電意識は高まりつつある。

　しかしそうであっても、やはり個人レベルでできることには限界がある。わが国で電力を供給しているのは、"電力会社"という私企業である。私企業である以上、もうけるために電力をなるべく使って貰おうとするのが基本姿勢である。したがって、電力消費が減ると、それを増やそうと電力需要の掘り起こしを図る。結局、電力の需給には、高い視野に立った国家レベルでの調整が必要であろう。

　省エネカー[*1]　従来のガソリン車やディーゼル車に比べエネルギー（資源）を節約できる車を、一般に**省エネカー**という。わが国では、政府が税制面での優遇措置を施してこれら省エネカーの普及を図っている。従来型の車で燃費が特によいものを省エネカーと呼ぶこともあるが、ここではこれまでの自動車とは部分的に、または全面的に違った原理で走行する車について述べよう。

　電気自動車（EV）[*2]は、車に搭載されたバッテリーを動力源とし、ガソリンエンジンの代わりにモーターで走行する車である。したがって、走行中に排気ガスをまったく出さない。しかし、バッテリーに充電する電力は発電所で化石資源を燃やすなどして作らねばならないので、その場所では二酸化炭素が出る。電気自動車の利点は、ガソリンを直接燃やして走るガソリン車よりエネルギー効率がよく、省資源に寄与するという点である。各国の自動車メーカーが競って開発に取り組んだ結果、近年、急速に高性能化が進んだ。一回の充電で走れる距離は、最高水準にあるものは 1,000km にも達すると言われている。

[*1]　ここでも、"省エネカー"という言葉は、厳密には正しくない。"省資源カー"と称すべきである。このような車は、二酸化炭素の排出量が少なく結果的に地球環境を守ることができるという意味で**エコカー**とも呼ばれることもあるが、この呼称は誇大ではないかという議論もある。

[*2]　Electric Vehicle の略。

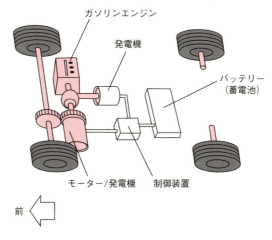

図 6-8 ハイブリッドカーの原理
影を付けた部分は動力装置，白い部分は電気系統。

今後は，充電スタンドの拡大（インフラ整備）と[*1]，充電時間の短縮（車の性能改善）が課題である。家庭用 AC 電源で充電できる車種もあり，電気自動車は予想を超える速さで普及が進んでいる。

　ハイブリッドカー（HV）[*2] は早くから開発が進み，わが国での普及率は 20% を超えている。これは文字通り，ガソリン車と電気自動車の長所を併せ持つ混成（ハイブリッド）の自動車（カー）である。駆動装置としてガソリンエンジンとモーター（電気モーター）の両方を備え，両者を走行状況に合わせて使い分けることによってガソリンの消費量を大幅に抑える（図 6-8）。ガソリンエンジンとモーターの使い分けは，搭載されたマイクロコンピューターによって自動的に制御される。モーター駆動に必要な電力は，ガソリンエンジン駆動時にダイナモ（小型発電機）を使って発電するほか，減速時（ブレーキを踏んだとき）にモーターを発電機として使うことによっても発電し（回生ブレーキという），搭載のバッテリー（蓄電池）に蓄える。現在のハイブリッドカーの燃費は，ガソリン車に比べ 3 倍以上と，大幅な向上が達成されている。

[*1] 2018 年 5 月現在，全国で 3 万台近くの充電スタンドが設置されている。（ゼンリン調べ。日産リーフ HP（2018）より）
[*2] Hybrid Vehicle の略。

─── コラム　ハイブリッド気動車 ───

　鉄道のたいへん発達したわが国で，不思議なことに英語の"train"にぴったりあてはまる言葉がない。「電車」という言葉を使う人も多いが，非電化区間を走るtrainをこの言葉で呼ぶのは正しくない。これはモーター駆動の「電車」ではなく，バスやトラックと同じくディーゼルエンジンで駆動する「気動車（ディーゼルカー）」なのである。

　2007年，ディーゼルエンジンと電気モーターを搭載した「ハイブリッド気動車」がJR東日本に登場した。ディーゼルエンジンで発電し，その電気を使ったモーター駆動で走行する。これは上で述べたハイブリッド乗用車の仕組みと若干異なるが，減速時にモーターを発電機として発電しバッテリーに蓄えることなど，大まかなところは同じである。こうして，燃料である軽油の大幅な節約が実現できた。この気動車は非電化区間で運用されているが，モーターで走るという意味で「電車」と呼んでもいいかも知れない。

─── コラム　リチウムイオン電池* ───

　電気自動車（EV）やハイブリッドカー（HV）は，バッテリー（蓄電池＝放電と充電を繰り返すことができる**二次電池**）がなければ成り立たない。言い換えると，これらの車の普及を押し進める立役者は，高性能のバッテリーである。

　1990年代から普及が進んだ**ニッケル水素電池**（密閉形ニッケル水素蓄電池）は，小型化が可能であることや安全であることなどから初期のEVやHVに採用された。続いて開発されたのが，リチウムイオン電池である。これは，単位重量当たりの容量がニッケル水素電池の約2倍で，さらに小型化が可能になった。その他，多くの長所を持っているが，初期の頃は発火事故をたびたび起こすことが最大の欠点であった。パソコンやスマートフォンのバッテリーだけでなく，最新鋭ジェット旅客機ボーイング787に搭載のリチウムイオン電池までもが相次いで発火事故を起こし社会問題化した。

　現在のリチウムイオン電池では，このような欠陥が技術的に克服され，EVやHVで活躍している。

　＊　乾電池の一種である「リチウム電池」は，「リチウムイオン電池」と原理的にまったく異なる電池である。

燃料電池車（FCV）*も現在開発が進んでおり，一部，実用化されている。第5章5-8節（p. 100）で詳しく述べたが，燃料電池とは，水素（H_2）と酸素（O_2）を"燃料"にして電気エネルギーを得る装置である。燃料電池車は，こ

＊　Fuel Cell Vehicle の略。

うして得た電気エネルギーでモーターを動かして走行する。燃料電池の原理から分かるとおり，この車から出る"排気ガス"は水だけである。このことから，燃料電池車を"究極の無公害車"と表現することがあるが，この表現は明らかに誤りである。なぜなら，燃料の一つ，水素は究極的には炭化水素などから得ることが多いが，このとき必ず二酸化炭素（CO_2）が発生するからである（第5章5-8, p. 100 参照）。重要なのは，燃料電池を使うと，炭化水素（ガソリンや軽油など）をそのまま燃やしてエンジンを動かすより炭化水素の持つ化学エネルギーをより効率よく運動エネルギー（走行のためのエネルギー）に変換することができるということである。これが燃料電池車の利点である。

燃料電池車はその水素の供給法の違いにより，大きく2つのタイプに分類される。そのひとつは，「改質型」と言われるものである。これは，炭化水素（ガソリンなど）やメタノールから水素を発生させる装置（改質器）を搭載しており，自ら水素を作りながら走る。この場合，従来のガソリンスタンドで燃料（より正確に言えば，燃料である水素の原料）を供給すればよい。もう一つのタイプは「直接水素型」と言われるもので，別の場所で作った水素の供給を受けて燃料とする。そのため，各所に"水素ステーション"を作らねばならず，それがこのタイプの最大の難点である。

ガソリンの代わりに天然ガスを燃料として走行する**天然ガス車**や，石炭ガスから作られるメタノールを燃料とする**メタノール車**も実用化されつつある。これらは排気ガス中の窒素酸化物などの量が少ないという長所を持っているが，

図6-9　天然ガス車（日産ディーゼル工業（株）CNG トラック）
現在，バスなどに実用化されている。

最大の注目点は石油由来の燃料（ガソリン，軽油）以外の燃料を使うことである。石油は有用な物質の原料として使われるので，燃料としての使い道は石炭や天然ガスに任せたほうが化石資源全体の使い道としては賢明であろう。また，石炭は石油に比べ埋蔵量が多く可採年数が長い（第3章3-8節，p. 61参照）。ただし，これらも有限な化石資源であることには変わりはない。さらに，石炭は直接燃焼した場合には天然ガスや石油と比べて得られるエネルギー量に対する二酸化炭素排出量が多いこと，大気汚染物質が副生することなど，環境への負荷が大きくなることに注意する必要がある。

ノート6　環境に優しい乗り物～路面電車

　ヨーロッパでは，路面電車（トラム）が市民の足として活躍している都市が多くある。また道路上に張った架線から電力を取ってモーターで走るバス，つまりトロリーバスもよく見られる。現在でも，ヨーロッパやアメリカでは，路線を延長したり，それまでなかった町に新しい路線が開通したりしている。さらに，従来の路面電車を発展させたライトレール（LRT＝Light Rail Transit）が導入されている。この中には，市街地では路面を比較的ゆっくり走るが，郊外では専用路線（道路面でなく）を速いスピードで走るものもある。つまり，海外では路面電車は，必ずしも旧来の乗り物と見なされていないのである。

　一方，わが国ではどうだろうか。かつて日本でも多くの都市に路面電車が走っており「チンチン電車」と呼ばれて親しまれていた。しかし，1960年代から自動車の走行の邪魔になるなどの理由で次々と廃止されていき，中心地に路面電車が走る都市は，今では数少なくなってしまった*。ところが近年，環境意識の高まりから，わが国でも路面電車を見直そうという機運が生まれ，2006年には富山市にJR支線をリニューアルする形で日本初の本格的なライトレールが誕生した。中規模都市における交通手段のあり方の一つとして注目される。

　路面電車が優れているという考えの根拠は，エネルギーの変換効率（利用効率）が高いということ，排気ガスを出さないので町の大気汚染を軽減できるということ，の2点である。もちろんここでも，動力源としての電気エネルギーはどこかの発電所で作り出さねばならず，その際には何らかの形で環境に負荷がかかるという点には注意しなければならない。そうであっても，同じ重量のもの（同数の人間）を同じ距離運ぶ場合，自動車（乗用車やバス）のように化石資源をそのまま燃やして走ることと比べれば，路面電車はエネルギー効率がずっと高く環境への影響がずっと小さいということに注目したい。電車のエネルギー効率は，乗用車の10倍にもなるという計算もある。

　「環境に優しい乗り物」という表現は，大げさではない。

富山市のライトレール「ポートラム」
2006年，7.6 kmの区間が開通し，市民の足として活躍している。（富山市観光協会・提供）

*　札幌，函館，富山，岡山，広島，松山，高知，熊本，長崎，鹿児島など，全国で十数都市。

7 人類の未来に向けて

　人類は有史以来，よりよい暮らしをひたすら追求してきた。そして今，私たちは，このうえもなく便利で快適な生活を手にしている。しかし，このような生活は，資源を"湯水のごとく"消費することで成り立っていること忘れてはならない。地球上の資源は有限である。したがって，いつかそれを使い果たす日が来る。

　こうした豊かな生活を子孫に受け渡してゆくために，いま私たちのすべきことは何だろうか。この疑問に答え，資源の枯渇に備えた行動を開始することは，現代に生きる私たちの責務である。

7-1 どのような資源をどのように使うか

　私たちが利用できるのは，間断なく降り注ぐ太陽からのエネルギーと，地球の（主に地下にある）資源である。逆の言い方をすれば，使えるのはそれだけしかない。

　太陽のエネルギーはさまざまなかたちの自然エネルギーの源である。天に太陽がある限り，こうした自然のエネルギーは無限である。このことを考えると，自然のエネルギーを私たちの利用可能なエネルギーに変換する試みは重要であろう。現在，より効率的な利用を目指して開発が進められているエネルギー源として，太陽光，風力，波力，バイオマスなどがある。また，太陽起源ではないが自然のエネルギーとして地熱，潮力なども新しいエネルギー源として注目されている。これらについては，第5章で詳しく述べた。

　一方，地下資源は有限であり，使えば使うほど減る。しかも，二酸化炭素の地球環境への影響を考えたとき，化石資源の利用はできる限り減らしていくべ

7 人類の未来に向けて **129**

きであろう。したがって，従来から使っている化石資源などのエネルギーを他のエネルギーへ変換する効率（エネルギー効率）の向上を図らねばならない。この方法として，燃料電池，ハイブリッドカー（第6章）などがある。

　以上のように，これからの私たちがどのような資源（エネルギー）をどのように使うべきか，いくつかの方策が考えられる。しかし，どんな資源をどのような使い方をしようと，その量には限界があることを確認しておこう。たとえば，自然のエネルギーは無尽蔵とは言え，そのエネルギーの中からその時々に取り出せるエネルギーの量は，現在のところ，世界中の人々が必要とする量にはるかに及ばない。

7-2 ゼロエミッション

　資源を有効に使うための方策のひとつは，廃棄物を出さないよう努めることである。このような努力によって，結果的に資源を節約し環境への負荷を押さえることができる。廃棄物を出さないことを**ゼロエミッション**という。エミッション（emission＝排出）をゼロにしようというのがゼロエミッションの考え方である。近年は，ある事業（たとえば建築工事など）を行うとき，「ゼロエミッション」を目標として掲げ廃棄物を減らす工夫がなされることが多い。

　大量生産→大量消費→大量廃棄という構図は，豊かな生活を享受しこれを維持し続けるための最も効率の良い方法である。産業革命以来，私たち人類はこうした生活を送り続けてきた。しかし，このような生活をこのまま続ければ，資源の枯渇，地球環境の不可逆的破壊という事態が近い将来やってくることは，この本でこれまで繰り返し見てきたとおりである。ゼロエミッションの思想は，大量のエネルギー（資源）を消費し大量の廃棄物を産み出してきたこれまでの生活態度に変換を迫るものである。

　人類にとって悲劇的な事態の到来を防ぐため，現代に生きる私たちが今始めなければならないことは，多少の不便を我慢することである。使うものを減らす，そして，繰り返し使ってなるべくゴミを増やさない，ということである。完全なゼロ・エミッションは不可能であるにしても，それに少しでも近づくよう，日々の暮らしで努力することが大切である。

7–3 循環型社会は可能か

第 3 章 3–8 節（p. 61）で述べたように，2017 年の化石資源の可採年数は，天然ガスが 52.6 年，石油が 50.2 年，石炭が 134 年と報告されている。新しい採掘地の発見も期待されるが，そうであってもこれらの地下資源が有限であるという事実は変わらない。私たちがその永続を望む人類の時代の長さよりはるかに短い時間のうちに，必ず枯渇する。

このように，私たちの住む地球には限られた資源しか存在しない。この資源を繰り返し使おうというのが，循環型社会である。しかし，ここで忘れてはならないのは，一度何かに利用したあとの廃棄物はエントロピーの大きい状態，つまり品位の低い資源になっているということである。「捨てればゴミ，分ければ資源」というような標語を見かけることがあるが，分別回収しただけでは再利用できる資源にはならない。これをまた利用可能なものに戻すには，何らかのエネルギーを注入する必要がある（第 6 章，図 6–5，p. 112 参照）。そして，このエネルギーが無限のものでない限り，完璧な循環型社会は構築できない。

無限のエネルギー源は，太陽である。太陽を源とするエネルギーは，消費しても減ることはない。つまり，再生可能なエネルギーである。太陽からのエネルギーを利用可能なかたちのエネルギーにする手段として，太陽光発電，風力発電などがあることを述べた。さらに，太陽のエネルギーを自らの体の中に“固定”する植物をエネルギー源として利用することもできる（たとえば，燃料としての薪や炭）。また，その植物を食べて生きる動物から得られる資源も利用できる（たとえば動物の屎尿）。これら生物由来のエネルギー，つまりバイオマス・エネルギーも再生可能エネルギーである。

しかし，これまで述べたように，現在の社会はこれらの“太陽の恵み”だけでは支えきれない。世界の人口は，もはやかつての牧歌的な生活を許さないほど，莫大な数に達している。いくら太陽のエネルギーが無尽蔵とはいえ，それを利用する手段には限りがある。現代のエネルギー大量消費社会に逆らって，循環型社会を構築するために必要なだけのエネルギーを取り出すことは不可能である。自然のエネルギーを上手に使いさえすればエネルギー問題は解決する

という考えは，幻想に過ぎない。

　したがって，私たちが今の"豊か"で"快適な"生活を追求する限り，化石資源を消費し続けねばならず，その枯渇の日を迎えるまでに何らかの方策を見いださなくてはならない。結局，現在私たちが直面している地球環境問題，および資源エネルギー問題を解決する方策は，エネルギー消費量を減らすこと，すなわち人間の活動そのものを制限することしかないのではないだろうか。

人類の未来に向けて

参 考 図 書

『バーロー 物理化学』，G. M. Barrow（藤代亮一訳），東京化学同人（1968）．

『ムーア 新物理化学』，W. J. Moore（藤代亮一，今村昌，川口信一，中塚和夫訳），東京化学同人（1964）．

『環境理解のための基礎化学』，J. W. Moore, E. A. Moore（岩本振武訳），東京化学同人（1980）．

『テクノ図解 次世代エネルギー』，井熊均，岩崎友彦編著，東洋経済新報社（2000）．

『図解 水素エネルギー最前線』，文部科学省科学技術政策研究所科学技術動向研究センター・編，工業調査会（2003）．

『環境の科学』，中田昌宏，松本信二，三共出版（2001）．

『有機資源化学』，鈴木庸一，真下清，山口達明，三共出版（2002）．

『生活と環境を考える化学』，多賀光彦，片岡正光，野田四郎，三共出版（1996）．

『人と環境―循環型社会をめざして』，合原眞，佐藤一紀，野中靖臣，村石治人，三共出版（2002）．

『地球環境化学入門』，J. E. Andrews, P. Brimblecombe, T. D. Jickells, P. S. Liss（渡辺正訳），シュプリンガー・フェアラーク東京（1997）．

『リサイクル―回るカラクリ止まる理由（地球と人間の環境を考える06）』，安井至，日本評論社（2003）．

『大江戸リサイクル事情』，石川英輔，講談社（講談社文庫）（1997）．

『失われた動力文化』，平田寛，岩波書店（岩波新書）（1976）．

『新装版・マックスウェルの悪魔』，都筑卓司，講談社（ブルーバックス）（2002）．

『化学便覧 基礎編（改訂5版）』，日本化学会編，丸善（2004）．

『元素生活』，寄藤文平，化学同人（2015）．

『絶滅の人類史』，更科功，NHK出版（NHK出版新書）（2018）．

参考ウェブサイト
〈　　〉はそのサイトのホームページ開設者。<u>下線の語句</u>からも検索できる。

エネルギー

<u>エネルギー白書 2018</u>　〈<u>経済産業省・資源エネルギー庁</u>〉
http://www.enecho.meti.go.jp/about/whitepaper/2018/

<u>統計ポータルサイト（各種データ（エネルギーに関する分析用データ））</u>〈<u>経済産業省・資源エネルギー庁</u>〉
http://www.enecho.meti.go.jp/statistics/analysis/

<u>エネルギー資源のはなし</u>　〈<u>中国電力</u>〉
http://www.energia.co.jp/energy/energy/index.html

<u>BP Statistical Review of World Energy 2017</u>（PDF 版）（世界エネルギー統計 2017（英文））〈BP〉（Excel 版もある）
https://www.bp.com/content/dam/bp/en/corporate/pdf/energy-economics/statistical-review-2017/bp-statistical-review-of-world-energy-2017-full-report.pdf

<u>Key World Energy Statistics 2017</u>（英文）〈International Energy Agency（IEA）〉
https://www.iea.org/publications/freepublications/publication/KeyWorld2017.pdf

<u>IEA Atlas of Energy</u>（英文）〈International Energy Agency（IEA）〉
エネルギーに関するさまざまな情報を世界地図上で視覚的に捉えることができる。
http://energyatlas.iea.org/#!/topic/DEFAULT

エネルギー・水の統計　〈総務省統計局〉（2012 年 3 月以降、更新停止）
http://www.stat.go.jp/data/chouki/10.html

化石資源

<u>石油開発 ABC</u>　〈<u>石油技術協会</u>〉
http://www.japt.org/abc/

<u>石油輸出国機構（OPEC）</u>〈外務省〉
https://www.mofa.go.jp/mofaj/gaiko/energy/opec/

〈独立行政法人　<u>石油天然ガス・金属鉱物資源機構（JOGMEC）</u>〉
http://www.jogmec.go.jp/

<u>石油・天然ガス用語辞典</u>　〈<u>独立行政法人　石油天然ガス・金属鉱物資源機構　石油・天然ガス資源情報</u>〉
https://oilgas-info.jogmec.go.jp/termsearch/

134

石油化学用語辞典　〈石油化学工業協会〉
http://www.jpca.or.jp/64_f.htm

石油便覧（資料）〈JXTG ホールディングズ〉
https://www.noe.jxtg-group.co.jp/binran/data/

〈一般財団法人　石炭エネルギーセンター〉
http://www.jcoal.or.jp/

釧路炭田その軌跡　〈釧路市〉
http://www.city.kushiro.lg.jp/www/common/003hp/home.html

新エネルギー

〈国立研究開発法人・新エネルギー・産業技術総合開発機構（NEDO）〉
http://www.nedo.go.jp/

〈太陽光発電研究センター〉　太陽光発電とは　〈独立行政法人　産業技術総合研究所（産総研）〉
https://unit.aist.go.jp/rcpv/ci/about_pv/

なっとく！再生可能エネルギー　〈経済産業省・資源エネルギー庁〉
http://www.enecho.meti.go.jp/category/saving_and_new/saiene/

〈一般財団法人　新エネルギー財団〉
https://www.nef.or.jp/

日本の地熱発電　〈独立行政法人　石油天然ガス・金属鉱物資源機構　地熱資源情報〉
http://geothermal.jogmec.go.jp/information/geothermal/japan.html

電　　気

〈電気事業連合会〉　情報ライブラリー　〈電気事業連合会〉
http://www.fepc.or.jp/library/

電気事業のデータベース（INFOBASE）2017　〈電気事業連合会〉
http://www.fepc.or.jp/library/data/infobase/

〈関西電力〉エネルギー・安定供給　〈関西電力〉
http://www.kepco.co.jp/energy_supply/energy/

原　　発

「原子力・エネルギー」図面集　〈一般財団法人　日本原子力文化財団〉
https://www.jaero.or.jp/data/03syuppan/energy_zumen/energy_zumen.html

〈電気事業連合会〉　原子発電所について　〈電気事業連合会〉
http://www.fepc.or.jp/nuclear/

環境・リサイクル

気象庁・地球温暖化　〈気象庁〉
https://www.data.jma.go.jp/cpdinfo/index_temp.html

各種リサイクル法　〈環境省〉
https://www.env.go.jp/recycle/recycling/

次世代自動車について知る　〈一般社団法人　次世代自動車振興センター〉
http://www.cev-pc.or.jp/know/

〈PET ボトルリサイクル推進協議会〉　統計データ　〈PET ボトルリサイクル推進協議会〉
http://www.petbottle-rec.gr.jp/data/

リサイクル関連マーク集　〈（株）エスアンドエス〉
http://www.sas-net.co.jp/recycle.htm

2017 年古紙需給統計　〈公益財団法人　古紙再生促進センター〉
http://www.prpc.or.jp/document/

人口統計

The History Database of the Global Environment.　〈オランダ環境評価局（英文）〉
http://themasites.pbl.nl/tridion/en/themasites/hyde/

その他

〈公益財団法人　米穀安定供給確保支援機構（米ネット）〉
http://www.komenet.jp/

LED 基礎知識　〈特定非営利活動法人　LED 照明推進協議会〉
http://www.led.or.jp/led/aboutled.htm

〈一般社団法人　日本自動販売システム機械工業会〉
https://www.jvma.or.jp/

索　引

アルファベット（略号・単位など）

cal　12
COP　110
J　12
LED　29, 30, 68
LNG　53, 99
LPG　51
OAPEC　50
OPEC　48
PET　43, 116, 117
Wh　67

あ　行

IH調理器　72
アスファルト　47, 50
アラブ石油輸出国機構　50
アリザリン　65
アルカン　45, 46, 51

硫黄酸化物　60, 61, 75
位置エネルギー　26, 68, 73, 83
インジゴ　65

ウラン　6, 75, 82
ウラン235　77-81
ウラン238　78, 79, 81
ウランの濃縮　79
運動エネルギー　5, 10, 14, 17, 26-28, 68, 72

永久運動　33, 36
永久機関　33, 36
液化石油ガス　51
液化天然ガス　53, 99
n型半導体　88
エネファーム　103
エネルギーの変換　26
エネルギー保存則　33
エンタルピー　35

エントロピー　28, 34, 35, 37
エントロピー増大の法則　35
塩ビ　43, 116

オームの法則　69
温室効果　111
温室効果ガス　107, 110
温度差発電　98

か　行

加圧水型　78, 79
カーボンニュートラル　94, 95
改質　102
改質型　125
回生ブレーキ　123
化学エネルギー　5, 26, 31
確認可採埋蔵量　61
核燃料　77, 79
核燃料サイクル　80
核分裂　75, 77-79, 81
核分裂生成物　79
可採年数（化石資源の）　61, 126
可採年数（ウランの）　77
ガス田　53
化石資源　2, 5, 10, 17, 31, 41, 44
化石燃料　5, 41, 45
ガソリン　46
家電リサイクル法　114
火力発電　71, 75
カロリー　12
カロリック　28, 40
乾留　56

揮発油　46
機械エネルギー　28
基礎代謝量　12, 16, 21
京都議定書　95, 110

クラッキング　46

軽水炉　77-79

軽油　46
結合エネルギー　32
減圧蒸留　46
原子力発電　71, 75
原子炉　77, 80, 81
現世人類　10
減速材　77, 79, 80
原発　75
原油　45

光合成　8, 9
合成繊維　64
合成洗剤　64
合成染料　65
高速増殖炉　81
高分子化合物　44, 115
交流　71, 73
高炉　59
高レベル廃棄物　82
コークス　57, 60
コールタール　57

さ　行

再処理工場　80
再生可能エネルギー　87
栽培　1, 2, 10
再使用　120
再利用　120
削減　120
産業革命　10, 17, 19
産油国　48
酸性雨　61, 75

シェールオイル　54
シェールガス　54
自給率（エネルギーの）　62
仕事　25, 26, 28
脂肪酸石けん　64
脂肪族炭化水素　46
自由エネルギー　35
重合　44
重合体　44
重水炉　79
重油　46

ジュール　12
狩猟採取　10, 12
循環型社会　130
省エネカー　122
蒸気機関　10, 17, 20, 60
蒸気機関車　17, 21 60
省資源　35
蒸留　46
人口爆発　14, 20

水車　15, 23
水力発電　71-73

製鉄　59, 60
生分解　114
生分解性ポリマー　96, 115
精留塔　46
静電気　86
赤外線　107, 111
石炭　17, 42, 55
石炭ガス　56
石油　42, 45
石油ガス　42, 51
石油（化学）コンビナート　48
石油輸出国機構　48
石けん　64
接触分解　46
節電　121
ゼロエミッション　129

ソックス　61, 75
ソーラー田　89
ソーラーパネル　89

た　行

太陽光発電　73, 88
太陽電池　88
人陽熱発電　99
太陽のエネルギー　1, 7, 104, 128
脱硫　61
タービン　27, 29, 71
多目的ダム　74
炭化水素　31, 102
炭水化物　9
炭素循環　9, 11, 110
炭田　55, 58, 59
単量体　44

チェルノブイリ事故　80
地球温暖化　107
地熱発電　73, 96
超ウラン元素　82
潮汐発電　97
潮流発電　98
直接水素型　125
直流　73

電圧　69, 86
電気エネルギー　27, 66
電気自動車　122
電気抵抗　69
電磁誘導　70-72, 86
天然ガス　42, 51
天然ガス車　125
天然ガス田　53
天然繊維　1, 64
天然染料　64
電流　69, 70, 86
電力　67
電力量　67

同位体　77
灯油　46

な　行

内燃機関　17, 18
内部エネルギー　5, 31
ナイロン　64

二酸化炭素　2, 11, 32, 93-95, 106, 109-111
二次電池　124

熱エネルギー　5, 26
熱可塑性樹脂　116
熱機関　28, 29
熱硬化性樹脂　116
熱素　40
熱力学第一法則　33
熱力学第二法則　35
燃焼　5, 31, 54
燃焼熱　33
燃素　28, 40
燃料電池　73, 84, 100
燃料電池車　124

農耕　10, 12
農耕牧畜　12

は　行

バイオ燃料　94
バイオマス　93
バイオマス・エネルギー　93, 104
ハイブリッドカー　123
発光ダイオード　30
発電　70
発電機　70
パラフィン　45
パリ協定　110
波力発電　98
バレル　50

p型半導体　88
光エネルギー　2, 6, 29, 88

風車　15, 23
風力発電　73, 91
福島事故　80
沸騰水型　79
プラスチック　5, 43, 114
プルサーマル　80
プルトニウム　75, 78-82
フロギストン　40
プロパン　42, 51

ペットボトル　43, 117
変換効率　26, 28, 29

ボイラー　18, 27
放射性　79
芳香族炭化水素　56
ポテンシャルエネルギー　28
ホモ・サピエンス　10
ポリ塩化ビニル　43, 116
ポリマー　44
ボルタの電池　86

ま　行

マイクロプラスチック　115
マックスウェルの悪魔　39

メガソーラー　89
メタノール　57, 125

索　引　*139*

メタノール車　125
メタン　31, 51, 57
メタンハイドレート　55

燃えないウラン　79
燃えるウラン　79
モノマー　44
モーベイン　65
もんじゅ　81

や　行

油　田　48

揚水発電　83-84

ら　行

ライトレール　127

乱雑さ　35

力学的エネルギー　28
リサイクル　113, 118, 120
リチウムイオン電池　124
臨　界　79

レアメタル　113
冷却材　78
露天掘り　55

わ　行

ワット時　67

人　名

オットー　17
オーム　69

カルノー　28
カロザース　64
キャヴェンディッシュ　69
タレス　86
ニューコメン　20
パーキン　64
バイヤー　65
平賀源内　86
ファラデー　86
フランクリン　86
ヘロン　20
ボルタ　86
マックスウェル　39
ラボアジエ　40
ワット　17, 20

著者略歴

安井伸郎（やすいしんろう）

1976 年　九州大学大学院理学研究科修士課程
　　　　　化学専攻修了
現　在　帝塚山大学名誉教授
　　　　　理学博士
専　攻　有機化学

新版 エネルギーの科学（第 2 版） 人類の未来にむけて

2005 年 4 月 15 日　初　版第 1 刷発行
2009 年 10 月 10 日　新　版第 1 刷発行
2018 年 10 月 1 日　第 2 版第 1 刷発行
2022 年 3 月 30 日　第 2 版第 4 刷発行

ⓒ 著 者　安　井　伸　郎

発行者　秀　島　　　功

印刷者　江　曽　政　英

発行所　**三 共 出 版 株 式 会 社**　東京都千代田区神田神保町 3 の 2
振替 00110-9-1065

郵便番号 101-0051　電話 03（3264）5711（代）　FAX 03（3265）5149

一般社団法人 **日本書籍出版協会**・一般社団法人 **自然科学書協会**・**工学書協会**　**会員**

Printed in Japan　　　　　　　　　　　　印刷・製本　理想社

JCOPY 〈（一社）出版者著作権管理機構　委託出版物〉
本書の無断複写は著作権法上での例外を除き禁じられています．複写される場合
は，そのつど事前に，（一社）出版者著作権管理機構（電話 03-5244-5088，FAX03-
5244-5089，e-mail:info@jcopy.or.jp）の許諾を得てください．

ISBN 978-4-7827-0779-1